大学基础电路实验
（第 3 版）

主编　杨　风

参编　吴其洲　郎文杰　宋小鹏

　　　任爱芝　何兆红　连　靖

国防工业出版社

·北京·

内 容 简 介

本书是以教育部高等学校电子电气基础课程教学指导委员会制订的电路教学基本要求为依据,结合多年的教学实践经验编写的,以适应不同专业的教学需要。

全书共6章,包括电工测量与非电量电测、基础实验、提高性实验、仿真实验、Multisim10仿真软件简介、PSpice使用初步内容。

本书可作为高等学校工科电类本科生、大专生及成人教育的教材或参考书,也可作为相关学科工程技术人员的实用参考书。

图书在版编目(CIP)数据

大学基础电路实验 / 杨风主编. —3 版. —北京:
国防工业出版社,2015.7 重印
ISBN 978 - 7 - 118 - 09080 - 2

Ⅰ. ①大… Ⅱ. ①杨… Ⅲ. ①电路 - 实验 - 高等学校
- 教材 Ⅳ. ①TM13 - 33

中国版本图书馆 CIP 数据核字(2013)第 223812 号

※

*国防工业出版社*出版发行
(北京市海淀区紫竹院南路 23 号 邮政编码 100048)
北京京华虎彩印刷有限公司印刷
新华书店经售

*

开本 787×1092 1/16 印张 14 字数 317 千字
2015 年 7 月第 3 版第 4 次印刷 印数 7001—8500 册 定价 26.00 元

(本书如有印装错误,我社负责调换)

国防书店:(010)88540777   发行邮购:(010)88540776
发行传真:(010)88540755   发行业务:(010)88540717

前　言

"电路"是本、专科电类专业的一门实践性很强的重要的技术基础课程，是学习一切电气工程技术的理论基础。其中"电路实验"课程在培养学生认真严肃的工作作风和创新精神、抽象思维能力、实验研究能力、分析解决实际问题的能力等方面具有重要意义。

本书本着因材施教、循序渐进和能力培养的要求，每个实验项目体现了由浅到深、由易到难、不同层次的训练思想；着眼于学生实践能力与创新能力的培养，把仿真技术的应用贯穿于实验中，实现了硬件和软件的有机结合，为学生进行研究开发性实验奠定了基础；努力体现教育教学的时代性要求，既有基础实践能力培养的实验内容，又有用相关技术解决电路系统问题的提高性实验内容。

本教材由杨风教授主编，郎文杰、吴其洲、宋小鹏、任爱芝、何兆红、连靖参编。其中杨风执笔绪论、第 1 章；任爱芝执笔第 2 章；宋小鹏执笔第 3 章；郎文杰执笔第 4 章；吴其洲执笔第 5 章、第 6 章；何兆红执笔附录 A；连靖执笔附录 B。

由于编者的水平有限，书中难免有不妥和疏漏之处，敬请批评指正。

编　者
2013 年 3 月

目　　录

绪　　论

实验课是培养科学技术人员的重要环节。通过实验,应提高做实验的基本技能和解决实际问题的能力,巩固所学的理论知识,培养良好的科学作风。电路实验是电气工程领域最基本的实验,所涉及到的内容包括电路理论、基本电工测量仪器仪表的使用及基本电工测量方法等。其基础性决定了它在电类的本、专科教学过程中起到提高学生专业理论水平、培养学生基本实验技能的奠基作用。

一、实验的基本技能及要求

(1) 了解常用电工仪表、电子仪器的结构原理、测试功能。掌握正确的使用方法和安全操作规范。

(2) 正确选用电工仪表的类型、量程范围、精度等级。

(3) 正确读取数据,了解产生误差的原因以及减小测量误差的方法。具有分析测量结果的能力。

(4) 具有初步分析、排除线路故障的能力。

(5) 了解安全用电常识。

(6) 通过有计划的训练达到独立做电路实验的目的,包括以下几方面。

① 实验线路的拟定,实验原理的论证;

② 实验步骤的编排;

③ 数据记录图表的拟定;

④ 正确地连接线路;

⑤ 正确地读取数据,观察波形,描绘曲线;

⑥ 科学地进行数据处理和误差分析;

⑦ 实验结果的论证;

⑧ 撰写实验报告。

二、实验课的三个环节

实验课包括课前预习、正式实验和撰写实验报告三个阶段。

1. 实验预习

实验课能否顺利进行和收到预期的效果,在很大程度上取决于预习和准备是否充分。学生在实验前一定要认真阅读实验教材和有关的参考资料,了解有关实验的目的、原理、接线方法,明确实验步骤及注意事项;对实验所用的仪器设备及使用方法做初步了解;对实验结果进行预估,明确测量项目,设计原始记录表格;做出预习报告。

预习报告主要包括下列内容。

① 实验目的;

② 实验内容;

③ 实验线路图;

④ 必要的预习计算。

2. 实验操作

实验操作包括熟悉、检查及使用实验器件与仪器仪表,连接实验线路,实际测试与数据的记录及实验后的整理工作等。

首先合理安排元器件、仪表的位置,达到接线清楚、容易检查、操作方便的目的。其次,合理选择量程。应力求使电表的指针偏转大于2/3满量程。因为在同一量程中,指针偏转越大读数越准确。

在测试过程中,应及时对数据做初步的分析,以便及时地发现问题。实验数据应记录在预习报告拟定的数据表格中,并注明被测量的名称和单位。实验做完以后,不要忙于拆除实验线路,应先切断电源,待检查实验测试没有遗漏和错误后再拆线。全部实验结束后,应将所用仪器设备放回原位,将导线整理成束,清理实验桌面。

3. 撰写实验报告

撰写实验报告是实验课不可缺少的重要环节,是实验课的全面总结。实验报告应包括下列内容。

(1) 实验数据的处理。

(2) 合理选择曲线坐标的比例尺,作出实验曲线、图表、相量图等。

(3) 实验中发现的问题、现象及事故的分析、实验的收获、心得体会等。

三、实验技能初步

初做电路实验的同学往往感到处处有难处,首先碰到的是线路不会连接,故障不会排除。下面简要介绍这几方面的经验。

1. 接线技巧

(1) 首先要看懂电路图,对整个实验要从全局上把握,设备要合理布置,做到桌面整齐美观,便于检查,操作方便,保证安全。

(2) 测量仪器的安排主要考虑能方便地进行观察和读取数据且应离开强烈干扰源。

(3) 其他器件应尽量按电路的顺序安排。

(4) 弄清电路图上连接点与实际元件接线点的对应关系。

(5) 在接线顺序上主要抓住线路结构特征,如串联关系、并联关系、主回路和辅助回路的关系,同时要注意到测试点的安排。确定了连接顺序后逐步连接,一般是先串后并,先分后合,先主后辅。

(6) 接线要牢靠,避免脱落造成短路事故。

(7) 导线的长短、粗细要考虑,大电流用粗导线,短距离用短导线。

2. 故障的排除

电路的故障多发生在下列几种情况。

(1) 线路连接不可靠,遇上偶然的原因在线路某处断开。

(2) 由于元件损坏造成短路或开路。

(3) 由于偶然的原因造成电源短路或过载使电源自动切断。

(4) 线路连接错误,电路工作不正常,但不会造成断电或器材损坏。

检查故障的方法一般遵循下列原则。

（1）宏观检查,观察线路连接是否正常。

（2）用仪表检查一般有两种方法:一是在断电情况下用欧姆表检查线路各支路是否相通;二是通电情况下用电压表检查电路各点电位是否正常。后者可事先选好一个电位参考点,而后检查其他各点电位,从中找出故障原因。例如图0.1的日光灯电路,若接通电源后灯管不亮,可先从宏观检查,若线路正常,那么最好用电压表做如下检查。

① 用电压表测量 a、h 端电压,看电源是否接通。

② 选 h 点为电位参考点,而后顺序测量 b、c、d、e、f、g 各点的电位。

③ 例如发现 b 点电压为 220V,而 c 点电压为零。那么可以肯定在 b、c 点间出现故障,不是灯丝断了便是灯脚没有接上,可以取下灯管用欧姆表测量灯丝是否相通,这样可以断定故障的原因了。

④ 实践中电路的种类繁多,故障也多种多样,检查的总原则是看电路的各部分是否正常通断;各支路是否能得到正常的工作电压;各点的电位是否正常。

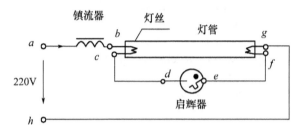

图 0.1　日光灯接线图

3. 曲线、波形的绘制

实验报告中的波形、曲线均应按工程要求绘制,波形、曲线一律画在坐标纸上,比例要适当,坐标轴上要注明物理量的符号、单位、比例;图形下要注明波形曲线的名称。

特性曲线是根据测试所得的一些数据的坐标点连成线的。由于测试误差,这些点可能偏上或偏下,连成线时应注意画成光滑的曲线,而不应画成折线。如测试电源的伏安特性曲线,如图0.2中打"×"的点为测试所得的点。连成图0.2(a)的直线是正确的;若连接成图0.2(b)的折线是不正确的。

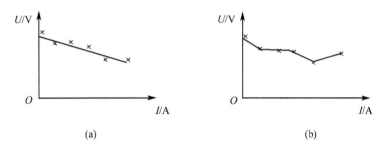

(a)　　　　　　　　　　　　　　　　(b)

图 0.2　电源的伏安特性

在绘制某些特性曲线时会遇到坐标幅度变化很大的情况。为了使图面幅度不致太大,常常使用对数坐标,即对坐标值取对数后再标在坐标轴上。对数坐标分为如下两种。

（1）半对数坐标——只对一个坐标值取对数。

（2）全对数坐标——对两个坐标值都取对数。

例如欲画放大器的幅—频特性曲线（放大倍数和信号频率的关系）。由于信号的频率范围很宽，就可采用半对数坐标，即只对频率取对数表示在横轴，纵轴直接表示放大倍数，如图 0.3 所示。

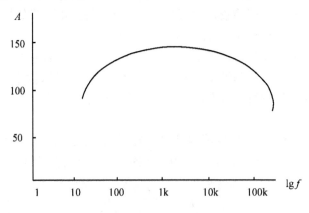

图 0.3 放大器的幅—频特性曲线

第1章　电工测量与非电量电测

人们认识客观事物只有从定性感知推进到定量研究才能使认识进一步深化,所以测量是人们在生产斗争和科学实验中认识客观事物的重要过程。测量的过程就是将被测量与标准计量单位进行比较的过程。目前电磁测量体系已经确立,已经建立起电流、电动势、电阻、电容、电感、磁强、磁通和磁矩等电磁计量基准。

1.1　常用电工仪表

1.1.1　电工测量仪表、仪器的分类

1. 度量器

度量器是复制和保存测量单位用的实物复制体,如标准电池是电动势单位"伏特"的度量器;标准电阻是电阻单位"欧姆"的度量器。此外还有标准电容、标准电感、互感等。

2. 较量仪器

较量仪器必须与度量器同时使用才能获得测量结果。即利用它将被测量与度量器进行比较后得到被测量的数值大小。诸如电桥、电位差计等都是较量仪器。由于使用场合不同,较量器有不同的测量精度或比较精度。如 $\pm 0.5\%$ 、$\pm 0.1\%$ 、$\pm 0.05\%$ 、$\pm 0.02\%$ 、$\pm 0.01\%$ 、$\pm 0.005\%$ 、$\pm 0.002\%$ 、$\pm 0.001\%$ 、$\pm 0.0005\%$ 级等。工业测量或一般实验室测量用低精度即可。

3. 直读式仪表

能直接读出被测量大小的仪表称为直读式仪表。传统的测量仪表是指针式指示的。这类仪表在测量过程中无需再用度量器就可直接获得测量结果。此类仪表是利用电流的磁效应、热效应、化学效应等作为仪表的结构基础。按仪表的结构原理分类有磁电系、电磁系、电动系、静电系、感应系等。

随着电子技术的发展,数字式仪表已经发展到较高水平,测量精度可达 $\pm 0.05\%$ 、$\pm 0.01\%$ 、$\pm 0.001\%$ 、$\pm 0.0001\%$,灵敏度一般为 $1\mu V$ 或更高水平。今后数字仪表无疑是测试仪表的主流。学习数字仪表需要有电子技术的基础知识。

直读式仪表种类虽然比较繁多,但是基本原理都是用被测物理量 X 付出一定的微小能量,转换成测量机构的机械转角 α 或数字表的数字显示用来表示被测量的大小。即示值(转角 α 或数字)是被测量的函数。如

$$\alpha = f(X)$$

由此可见,老式的指针式仪表本身是一个电/机能量转换装置。它分为测量线路和测量机构两部分。测量机构是实现电/机能量转换的核心部分。指针式仪表的测量机构都

包含有驱动装置、控制装置和阻尼装置等三个部分。测量线路的作用是把被测量诸如电流、电压、功率等物理量变换成测量机构可以直接接受并做出反应的电磁量。测量机构和测量线路的关系可以用图 1.1.1 表示出来。

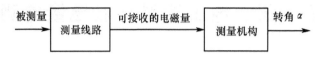

图 1.1.1　电工测量仪表的组成方框图

1.1.2　磁电系测量仪表

1.1.2.1　磁电系测量仪表的工作原理

指针式仪表的驱动装置是产生转动力矩的装置。在此进行能量转换将使仪表的活动部分产生偏转。磁电系仪表的驱动原理是载流导体在磁场中会受力,像直流电动机那样形成电磁转矩而驱使指针偏转。因此,磁电系测量机构不论是用来测电压还是测电流,它所能直接接受的电磁量是电流。为了减小驱动装置的能量消耗,输给它的电流应尽量小(微安或毫安级),图 1.1.2 说明磁电系仪表的原理。图 1.1.2(a)是 C31 – A 型电流表的构造图。它的固定部分包括马蹄形永久磁铁、极掌 NS 及圆柱形铁芯等。极掌与铁芯之间的空气隙均匀,能产生均匀的磁场。仪表的转动部分包括铝质线圈框,铝框套在铁芯上,其上绕有线圈。线圈上下由两根吊丝支撑,同时支撑着指针。线圈的两头各与吊丝的一端相接。吊丝的另一端固定,由此导入、导出电流。同时吊丝的第二个作用是当线圈、指针转动时因吊丝扭曲形成反转矩,致使指针能稳定在某个转角。磁电系测量机构的电磁作用原理示于图 1.1.2(b)。若线圈中通以图中所示的电流 I 时,便产生顺时针方向的电磁转矩,即

$$T = \frac{BNS}{9810}I \quad (\text{G} \cdot \text{cm}) \tag{1.1.1}$$

式中:B 为空气隙的磁感应强度,单位为 Gs,永久磁铁用性能优良的硬磁性材料制成,则磁感应强度 B 能持久地保持常数;N 为线圈的匝数;S 为线圈包围的面积(cm^2);I 为通过线圈的电流。

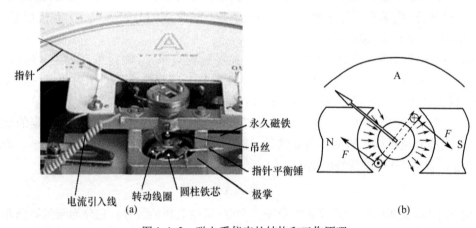

图 1.1.2　磁电系仪表的结构和工作原理

从式(1.1.1)可见,驱动转矩与电流成正比。指针与线圈固定为一体,两者一起转动。欲使指针能确切指示出电流的大小,要靠控制装置产生反转矩而制止线圈旋转。当驱动转矩与控制反转矩平衡时指针停止转动而指示出转角 α。转角 α 整定为电流的大小。

产生控制反转矩的方法一般有:①利用游丝的弹力;②利用吊丝或张丝的弹力;③利用活动部分的重力;④利用涡流的反作用力。

其中前两种更多用。图1.1.2中的机构中用了吊丝作为控制装置。其一端固定在支架上,另一端固定在转轴上,所以线圈带动转轴转动时吊丝便产生阻力扭矩,即

$$T_\alpha = W\alpha \tag{1.1.2}$$

式中:W 为吊丝的弹性系数(g·cm/rad);α 为活动部分的转角。

当驱动转矩与阻力转矩平衡时有以下公式

$$T = T_\alpha \tag{1.1.3}$$

此时指针的转角为

$$\alpha = \frac{BNS}{9810W}I = S_1 I \tag{1.1.4}$$

式中:S_1 为不随电流而变的,称为磁电系仪表的灵敏度。

作为测量机构的第三个组成部分是阻尼装置,由于活动部分向最后平衡位置的运动过程中积蓄了一定的动能,会冲过平衡位置形成往返振荡,许久才能停止下来而不便于读取数据。阻尼器是为了消除这些振荡而设置的。常用的阻尼器有:①磁电式阻尼器;②空气阻尼器;③磁感应阻尼器。

图1.1.2的机构中应用了磁电式阻尼器。由于绕电流线圈的框架是用轻金属制成的封闭环。它在转动时也会切割磁力线产生感应电流。该电流在磁场中形成的电磁转矩总是与线圈的转动方向相反的,能促使指针尽快停下来。只要指针摆动则阻尼力矩总是存在的。

以上是磁电系测量机构的简单工作原理。概括起来,磁电系测量机构有下列特点。

(1) 有高的灵敏度,可达 10^{-10}A 每分格或更高。

(2) 由于磁感应强度分布均匀,误差易于调整,可以制成高精度仪表。目前,准确度可突破0.1级到0.05级。

(3) 测量机构的功耗小。

(4) 由于吊丝不仅有产生反转矩的作用,决定着仪表的灵敏度和准确度,同时又是线圈驱动电流的引入线,故此类仪表的过载能力差,容易烧毁。

(5) 驱动电流是正弦交流电时,驱动转矩的平均值等于零,因此磁电系仪表不能直接用来测交流电。欲测交流电时需附加整流电路,称为整流系仪表。由于晶体管特性的非线性及分散性使得仪表度盘分度不均匀,降低了仪表的准确度。

1.1.2.2 磁电系电流表量程的扩展

由上述可知,磁电系测量机构可以直接用来测量直流电流。但由于线圈的导线很细而且电流是通过游丝引入的,两者都不允许流过大的电流。为了扩大量程,需在线圈上并

联分流电阻 R_d。电路模型如图 1.1.3 所示。设指针满度偏转时线圈电流为 I_p，线圈的电阻为 R_p，流入接线端钮电流 I 时，则

$$I_p = I \frac{R_d}{R_d + R_p}$$

则电流量程的扩展倍数为

$$n = \frac{I}{I_p} = \frac{R_d + R_p}{R_d} \tag{1.1.5}$$

$$R_d = \frac{1}{n-1} R_p \tag{1.1.6}$$

多量程电流表分流电阻的计算方法可通过图 1.1.4 的双量程电流表说明。带" * "号的端钮为公共端，设" +1"端钮的电流量程扩展倍数为 n_1。有

$$R_d = R_{d1} + R_{d2} = \frac{1}{n_1 - 1} R_p$$

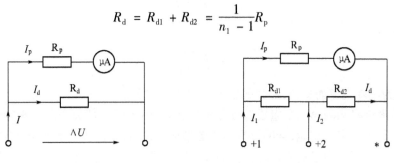

图 1.1.3　电流表量程的扩展　　　　图 1.1.4　双量程电流表

设" +2"端钮电流量程的扩展倍数为 n_2，则

$$n_2 = \frac{R_{d1} + R_{d2} + R_p}{R_{d2}} = \frac{R_d + R_p}{R_{d2}}$$

所以

$$R_{d2} = \frac{R_d + R_p}{n_2} \tag{1.1.7}$$

依次类推不难看出多量程电流表分流电阻的计算方法。

1.1.2.3　磁电系电压表量程的扩展

因为磁电系测量机构的指针偏角与电流成正比，当线圈的电阻一定时，指针偏角就正比于其两端电压，所以磁电系仪表也可以做成电压表。由于线圈电阻并不大，所以指针满偏时其两端电压较低，仅仅在毫伏级。为了测量较高电压，必须在线圈上串联倍压电阻 R_m。图 1.1.5 为电路模型。设指针满偏时电流为 I_p，对应于满偏时被测电压为 1V，则总回路电阻为

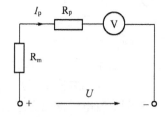

图 1.1.5　磁电系电压表

$$R_1 = \frac{1}{I_p}$$

即每伏满偏电阻为 R_1。则量程为 U 时的总电阻为

$$R_u = (R_1/1) \cdot U \qquad (1.1.8)$$

外接倍压电阻为

$$R_m = R_u - R_p \qquad (1.1.9)$$

1.1.3　电磁系测量仪表

1.1.3.1　电磁系测量仪表的工作原理

电磁系测量机构的驱动装置利用了电流的磁效应。当被测电流通过线圈形成磁场，就可以利用磁极的吸引和排斥作用使指针偏转。这是一种简单可靠的测量机构。下面以吸引式测量机构为例说明其工作原理。图 1.1.6 中：1 是固定的扁空心电流线圈；2 是曲线形软铁片，偏心地安装在转轴 9 上；8 是指针。当被测电流由引入线 6 流入线圈时产生磁场，对软铁片产生吸引力。因为软铁片是偏心地安装在转轴上，所以在吸动软铁片时使转轴、指针一起转动。其转角大小取决于吸引力，即取决于电流大小，所以表盘刻度可直接显示电流。游丝 7 一端固定，另一端安装在转轴上，由它来产生反转矩。当驱动转矩与反转矩平衡时指针稳定下来指示出被测电流的大小。

图 1.1.6　吸引式电磁系测量机构

1—上线圈框；2—偏心软铁片；3—指针平衡锤；4—下线圈框；
5—指针调零匙；6—电流引入线；7—游丝；8—指针；9—转轴。

1.1.3.2　电磁系电流表、电压表的量程扩展

电磁系测量机构的电流线圈是固定的，可以直接与被测电路相接，无需经过游丝引入电流而且线圈导线也可以很粗，所以不需设置分流器，可直接做成大电流表。

这种仪表常把线段做成两段式，改变线圈的串并联方式就可达到改变量程的目的，图 1.1.7 是双量程电流表接线图，A、B 和 C、D 分别是两个电流线圈端钮。按图 1.1.7(a)的接线方式是把两个线圈串联起来，其量程是 I；若按图 1.1.7(b)的方式接线时是把两个线圈并联起来，量程为 $2I$。

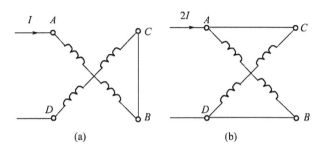

图 1.1.7　双量程电流表线圈的接线图

不管用什么测量机构测量电压,总是希望从被测回路索取的能量愈小愈好,故要求电压表的内阻愈大愈好。因此,用电磁系测量机构做电压表时电流线圈用很细的导线绕制,匝数也增多。为了扩大量限同样采用串联倍压电阻的办法,形式与图 1.1.5 相同。

1.1.3.3　电磁系仪表的特点

(1) 结构简单,过载能力强,直通电流可达 400A 而无需附加分流器。
(2) 电流方向改变而磁性吸力依然存在,故可制成交、直流两用仪表。
(3) 转矩与被测电流不成正比,故刻度不均匀。指针偏转小时测量误差大。
(4) 磁滞、涡流以及外磁场将影响仪表的准确度,必须加完善的屏蔽措施。
(5) 频率响应差。
(6) 消耗的功率大。

1.1.4　电动系测量仪表

1.1.4.1　电动系测量仪表的工作原理

图 1.1.8(a)是电动系测量机构的结构图。这种机构的特点是利用了一个固定载流线圈 6 和一个可以旋转的载流线圈 5 之间的相互作用驱动可动线圈旋转,旋转线圈固定

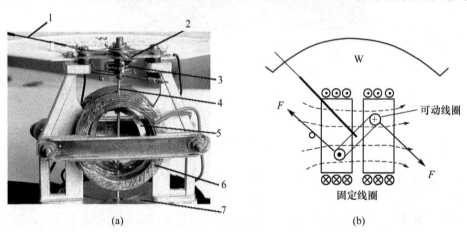

图 1.1.8　电动系测量机构的结构和工作原理
1—指针;2—调零匙;3—游丝;4—转轴;5—旋转线圈;6—固定线圈;7—阻尼器。

在转轴4上从而带动指针1指示出被测量的大小。在构造上,固定线圈做得比较大,导线也粗,往往是两个线圈重叠起来。变更串、并联方式来改变仪表的量程。接线方式仍同图1.1.7。可动线圈做得比较小,导线也比较细,通过游丝3引入电流,同时游丝产生反作用力矩与驱动转矩相平衡。阻尼器多用空气式的。可动线圈所受的力示于图1.1.8(b)。

电动系测量机构的特点如下:

(1)消除了电磁系仪表中软铁片的磁滞和涡流的影响,所以有较高的准确度。

(2)交、直流两用。

(3)可制成多种用途的仪表,如电流表、电压表、功率表、频率计、相位计等。

(4)频率响应差。若采用补偿措施可用于中频。

(5)需要很好的屏蔽以防干扰。

1.1.4.2 电动系功率表

功率等于电流与电压的乘积。可见欲测功率就要求测量机构能同时对两个变量做出反应。而电动系仪表正好具备这样的特性。如图1.1.9所示,圆圈内的横粗线表示固定线圈,把它串在负载中,反映了负载电流 I 的大小,因此这个线圈称为电流线圈。圆圈内的竖实线表示可动线圈,它串上倍压电阻后与电源并联,流过这个线圈的电流正比于电源电压,即

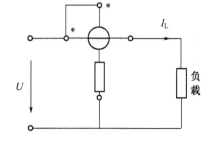

图1.1.9 功率表接线图

$$I_V = \frac{U}{Z_V}$$

所以把这个线圈称为电压线圈。Z_V 是电压线圈的总阻抗。在倍压电阻很大的情况下,可近似认为 Z_V 是电阻性的,所以 I_V 与 I_L 的相位差便是负载电压与负载电流的相位差角 φ,则指针偏角正比于负载的有功功率。即

$$\alpha = KUI\cos\varphi \qquad (1.1.10)$$

这样的功率表称为有功功率表,即瓦特表。

功率表的电流线圈做成多量程的,电流线圈分为两段。用串并联组合改变量程,仍同图1.1.7。电压线圈可串不同的倍压电阻组成几个量程。例如 D26 – W 型电动式瓦特表,它的电流量程为 0.5A/1A,电压量程为 125V/250V/500V。功率表的表盘是按瓦特刻度的,在读数时必须注意到所用的电流、电压线圈的量程。两者相乘积与刻度相比较决定读数的倍率系数。例如所用的电流线圈的量限为 1A;电压线圈的量限为 250V,则满量程为 250W。但满刻读只有 125 分度,故倍率系数为 2。

电动系测量机构驱动力矩的方向是由两个电流方向共同决定的,接线时需要把两线圈打" * "号的端钮连在一起,否则指针会反转。像图1.1.9那样是正确的连接。

1.1.5 万用表

万用表是一种多功能的测量仪表。它是实验室及电工人员必备的仪表。万用表的指示器是磁电式仪表,所以用来测量直流电流、直流电压很方便。往往做成多量程并用转换

开关选择。其量限很宽,如常用的电流量限从几十微安到几十安培分为若干挡;电压量限从几伏到几百伏分为几挡,有的能上千伏。万用表还可以测量交流电流、交流电压、电阻、电感、电容……,所以才称为万用表。万用表测量直流量的原理与磁电式仪表相同,不做详述。下面重点介绍直流电阻和交流量的测量。

1.1.5.1 直流电阻的测量

用磁电式微安表头测量直流电阻的原理是欧姆定律。即在恒定电压的作用下流过电阻的电流与电阻成反比,所以电流表头可以刻成电阻刻度。图 1.1.10(a)是最简单的原理图;图 1.1.10(b)是表盘的电阻刻度。图中 R_X 是被测电阻,R_P 是表头电阻,R_1 是固定电阻,则流过表头的电流可用如下公式表示。

$$I_P = \frac{U}{R_P + R_1 + R_X} = \frac{U}{R_X + R_i} \tag{1.1.11}$$

式中:R_i 为表头的内阻。

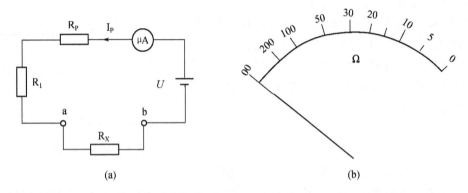

(a)　　　　　　　　　　　　　　(b)

图 1.1.10　欧姆表的原理图

可见在电压一定的条件下,I_P 只随 R_X 而变化。当 a、b 间开路时意味着被测电阻等于无穷大,此时 $I_P = 0$,指针不偏转。那么此时的刻度值应为"∞"。当 a、b 间短路时,意味着 a、b 间的外接电阻 $R_x = 0$,此时 I_P 最大。可以适当选择 R_i,使得在 $R_x = 0$ 时电表指针正好指向满度。此刻表头刻度为"0",故欧姆表的刻度从左到右为从"∞"到"0"。显然,表头刻度是很不均匀的,如图 1.1.10(b)所示。从式(1.1.11)可见,当 $R_x = R_i$ 时指针正好指在标尺的中央,故称 R_i 为欧姆表的中心电阻。

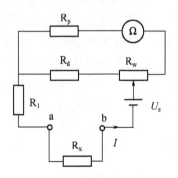

实际的欧姆表中常用干电池作为电源,用久后端电压有所下降,给测量结果带来误差。为克服这一弊病,实用电路增设有欧姆调零电路。原理图如图 1.1.11 所示。其中 R_w 是欧姆调零电位器,它有一部分串在分流支路,一部分与 R_P 相串。当电池的电压有所变化时,调整 R_w 以改变分流比来补偿电压的降低。因此,在使用欧姆表之前,首先应在 $R_x = 0$ 的条件下调整 R_w,使指针指向零位。

图 1.1.11　欧姆表的调零电路

从图 1.1.10(b)可见,要在有限的标尺上刻出从 0 ~ ∞ 的电阻值是不可能的。被测电阻大时,阻值变化引起的指针偏转角很微小,阻值的分辨率太低,实际上已没有使用价值。一般情况下指针偏转角在满偏的 20% ~ 70% 的范围内时误差是比较小的。例如 MF-30 万用表的中心电阻是 25Ω。则被测电阻在 100Ω 以内是可以读数的。要想拓宽测量范围,需要按 1/10/100/1k/10k 的比率更换中心电阻值。所以用万用表测电阻时一般分为 5 挡,各挡倍率分别为 1、10、100、1k、10k 等。则被测阻值

$$R_x = 读数 \times 倍率$$

还应注意,测量同一阻值可以选不同倍率,但准确度差别大。只有指针靠近中心阻值时测量结果较为准确。这与使用电流表、电压表时的误差分布规律不同。

1.1.5.2 用万用表测量交流量

万用表表头属磁电系仪表,它是不能直接测量交流量的。需把交流量整成直流才能被磁电系表头反映出来。这时就改称为整流系仪表了。通常把表头接成图 1.1.12 的半波整流形式。再接入二极管 V_2 的目的是为了消除 V_1 反向电流的影响,同时也避免了 V_1 的反向击穿。

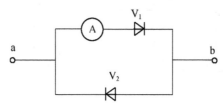

图 1.1.12 整流系仪表表头

由于指针有惯性,其偏转角取决于平均转矩,即取决于电流的平均值。实际刻度是把平均值换算为有效值进行刻度的,故有如下关系,即

$$I_{cp} = \frac{1}{T}\int_0^{\frac{T}{2}} i\mathrm{d}t = 0.45I \tag{1.1.12}$$

$$I = 2.22I_{cp} \tag{1.1.13}$$

1.1.5.3 使用万用表的注意事项

(1)每次测量电阻时一定要先校对零点。

(2)万用表是一种多功能、多量程的仪表,使用之前一定要选准功能选择开关及合适的量程,否则会造成仪表的损坏。所以要养成一个良好的习惯,操作之前一定要先检查功能开关及量程是否正确。

(3)测完电阻后若不把功能开关拨离电阻挡,长此下去将消耗电池电力。

(4)由于以上原因,不论测电阻还是电流或者是低电压,测完后要把功能选择开关拨到高电压挡去。这样下次使用时不论出现什么错误操作也不至于损坏仪表。

1.1.6 兆欧表

欲测量电气设备的绝缘电阻,前述的欧姆表就无能为力了,必须改用兆欧表。在兆欧

表中需用的电源电力常用手摇发电机供给,故在工程上把这种表称为摇表。手摇发电机以 120r/min 或稍高的速度摇动,可以发出 100V 或更高的电压。常用的有 100V、500V、1000V、2500V 等几种产品。

1.1.6.1　兆欧表的作用原理

兆欧表中的测量机构常为磁电式流比计。它是一种特殊的磁电式仪表。图 1.1.13(a)是交叉线圈式流比计结构图。流比计的磁路部分包括永久磁铁、极掌和椭圆式截面的铁芯。铁芯和极掌之间的空气隙中磁感应强度 B 的分布不均匀,图 1.1.13(b)用曲线描述了它的分布情况,在空气隙狭窄地方磁感应强度高。测量机构的活动部分由两个线圈交叉成 50° 或 60° 固定在转轴上,它将带动指针一起转动。

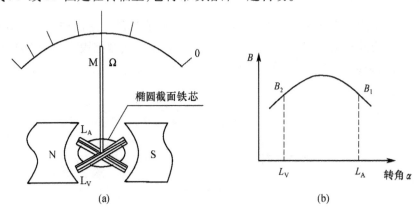

图 1.1.13　交叉线圈式流比计示意图

两个线圈的电流是由手摇发电机供电,用两根导流丝引入,再由一根导流丝将两电流导出。因游丝的力矩很小可忽略不计,当线圈不通电时,其上没有力矩的作用,它可以停留在任意位置,这是流比计的显著特点。

流比计的电路原理图如图 1.1.14 所示。在手摇发电机的作用下,电流线圈 L_A 通以电流 I_A;电压线圈 L_V 通以电流 I_V。两电流分别产生的力矩为

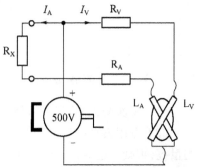

$$\begin{cases} T_A = KI_A B_1(\alpha) \\ T_V = KI_V B_2(\alpha) \end{cases} \qquad (1.1.14)$$

而且必须满足让两个电流产生力矩的方向相反,T_A 沿顺时针方向;T_V 沿反时针方向。不难看出,发电机手柄不摇时,T_A、T_V 等于零,指针可停在任意位置。相反,当手柄摇动时,两电流分别产生转矩。当 $T_A = T_V$ 时指针静止在平衡位置,这时有

图 1.1.14　交叉式流比计电路原理图

$$KI_A B_1(\alpha) = KI_V B_2(\alpha)$$

$$\frac{I_A}{I_V} = \frac{B_2(\alpha)}{B_1(\alpha)} \qquad (1.1.15)$$

此式为流比计的力矩平衡条件。因为磁感应强度是转角 α 的函数,所以 I_A 与 I_V 的

比值决定了指针的转角 α，故此称为流比计。又因为两线圈由同一电源供电，所以 I_A 与 I_V 之比又取决于两支路电阻之比，故有

$$\alpha = f\left(\frac{I_A}{I_V}\right) = f\left(\frac{R_V}{R_A + R_X}\right) \tag{1.1.16}$$

可见，R_X 发生变化时，两电流比值将发生变化，两线圈力矩不再平衡而引起转动，所以两线圈所处位置的磁感应强度 B_1、B_2 的比值也必然变化。因此，随着线圈转动两力矩趋向新的平衡。假如在 R_{x1} 的情况下指针停在图示的中央位置。如果 $R_X > R_{x1}$ 时，I_A 减小。此时 T_A 减小而 T_V 保持原值，所以指针沿反时针方向转动。随之 $B_1(\alpha)$ 增大而 T_A 增大、T_V 却减小，两力矩趋向新的平衡。这时 α 角减小了。显然线圈 L_A 中的电流 I_A 随被测电阻 R_X 而变化；把线圈 L_V 中的电流做成固定的，那么不同的 R_X 值将使指针静止在不同位置，指示出不同的被测电阻值。事实上，手摇发电机不能保证 I_V 固定不变，但是 I_A、I_V 是由同一电源供电，所以它们的比值是不变的，不会影响测量结果。

图 1.1.15 是 5050 型摇表的接线图。图中 L_A 及 L_V 是两个主测量线圈，作用原理同前。这里又增设了两线圈，L_2 为零点平衡线圈，L_1 为无穷大平衡线圈。图中 L、E 为被测电阻的接线端，测量时 E 端与设备金属构件连接；L 端接电路导体部分。当 L、E 间开路时，线圈 L_A 中无电流，只有 L_V 和 L_1 中流过同一电流。但是两线圈产生的转矩方向相反，能使线圈平衡在逆时针方向的最大位置。此时指针指着"∞"，表示 L、E 间外接电阻为无穷大。当 L、E 间短路时 I_A 为最大，L_V 中电流同前但作用不

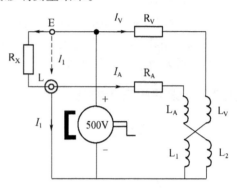

图 1.1.15　5050 型摇表接线图

及 I_A，因此 I_A 能使指针沿顺时针方向偏转。靠 I_V 的作用使指针平衡在顺时针方向的最大位置。此时指针指着"0"，表示 L、E 间的被测电阻为零。当 R_X 为任意值时，指针停留的位置是由 I_A/I_V 的值决定的。I_A 取决于 R_X。

值得注意的是兆欧表往往用来测量电气设备的绝缘电阻，这时仪表本身的两个接线端钮 L、E 之间的绝缘电阻与被测电阻是并联的。在高压作用下，仪表绝缘表面的漏电流是不可忽视的。如图 1.1.15 所示，流过线圈 L_A 的电流是流过被测电阻电流和漏电流 I_1 的总和。它要影响测试误差。为了克服这一弊病，可在 L 端的外围套一个铜环，此时漏电流 I_1 直接流向发电机的负极而不再经过测量电路了。

1.1.6.2　使用兆欧表应注意以下问题

（1）要正确选择摇表的工作电压，低压摇表用来测量低压设备的绝缘电阻，不能用高压摇表来测，否则有可能损坏绝缘电阻。测高压电气设备的绝缘电阻用高压摇表，用低压摇表则不能鉴别高压设备的绝缘好坏。

（2）检查电气设备的绝缘电阻时首先应断开电源并进行短路放电。

（3）测量用引线要用绝缘良好的单根线，不要扭在一起，不要和地及设备接触。

（4）使用前应对摇表先做一次开路和短路实验。短路实验时将 L、E 端子轻轻碰一下即可,不可久摇。

（5）接线时要认清接线端子,E 端接设备金属构件;L 端接电路导体,不可接错。

（6）手柄转速保持在 120r/min 左右。

（7）检查大电容的绝缘时,检查完毕先断开引线而后停止摇动手柄,否则电容储能会作用于仪表。

（8）用摇表检查完的电气设备要进行放电,尤其是检查完电容器务必放电。

1.2　电工仪表的误差及准确度

引起测量误差的因素比较多,概括起来有三个方面:一是仪表本身不准确带来的误差;二是测量方法的不完善带来的系统误差;三是一些偶然因素引起的误差。本节专门论述仪表本身的误差。

仪表的误差和准确度是两个不同的概念。仪表的误差是仪表指示值与实际值(真值)之间的差异;而准确度是说明示值与实际值符合的程度的。当然误差与准确度有一定关系,误差越小准确度也越高。

1.2.1　误差的表示方法

1.2.1.1　仪表误差的分类

1）基本误差

基本误差是指仪表在规定工作条件下进行测量时产生的误差。是由仪表的设计原理、结构条件和制造工艺不完善引起的。所谓规定的正常工作条件可表述如下:

（1）仪表经过了校准,使用时对零点做了校正。

（2）正确的工作安放位置。

（3）在规定的环境温度和湿度条件下测试。

（4）除地磁外,没有外来的电磁场。

（5）对于交流仪表来说被测量的波形是正弦的。频率为正常的工作频率。

2）附加误差

附加误差是除基本误差外,因不按规定条件工作带来的误差,如温度高低、安放位置是否正确等带来的误差。

1.2.1.2　仪表误差的几种表示形式

1）绝对误差

绝对误差又称真误差。它等于仪表指示值与真值之差,常表示为

$$\Delta = A - A_0 \tag{1.2.1}$$

式中:A 为仪表指示值,在不同场合有其具体的含意;A_0 为真值。在测量时,指示值为测定值;在检定仪表时,指示值为被检刻度点的示值;在近似计算时,指示值为近似值。所谓真值应该是与基准度量器相比较确定的量值,它在工程测量中是得不到的。在仪表的检

定工作中也是采用较低级的由基准度量器传递来的标准器或工作度量器作为计量基准的,而且准确度分不同等级。当标准的误差与被检对象的误差相比,比值在 1/3 ~ 1/20 之间时则标准误差可以忽略。此时由标准所确定的值即可作为相对于被检对象的真值。

除绝对误差外,在实际测量中还常用到修正值这个概念。它的定义为

$$C = A_0 - A \tag{1.2.2}$$

即修正值与真误差等量反号。例如被检定的某电流表其示值为 1A 时的真值为 1.02A,绝对真误差为

$$\Delta I = 1.00 - 1.02 = -0.02A$$

而修正值为

$$C_I = -\Delta I = 0.02A$$

修正值为正号时的意义说明了

$$真值 = 示值 + 修正值$$

在高准确度的电气仪表中常给出修正曲线或修正值,可对测试结果进行修正以消除误差的影响。

综上所述,可以看出绝对误差(或修正值)具有确定的大小、正、负号及量纲。数值大小表明示值偏离真值的多少;正、负号表明偏离真值的方向;而量纲则四者相同。

2)相对误差

采用绝对误差的概念可以比较直观地反映出误差的情况,但不足以说明测量结果的准确程度。所以在工程测量中常采用相对误差的概念。其定义为绝对误差与真值之比,通常用百分数表示,是一个无量纲的量。相对误差的表达式为

$$\gamma = \frac{A - A_0}{A_0} \times 100\% = \frac{\Delta}{A_0} \times 100\% \approx \frac{\Delta}{A} \times 100\% \tag{1.2.3}$$

例如,用同一电压表测得示值为 100V 的电压,其真值是 99.5V,而测得另一示值为 20V 的电压其真值为 19.5V。两者的绝对误差数相同,都为 0.5V。然而这两个测试结果的准确程度相差很大,可以通过相对误差体现出来。第一个测试结果的相对误差为

$$\gamma_1 = \frac{100 - 99.5}{99.5} = +0.5\%$$

而第二个测试结果的相对误差为

$$\gamma_2 = \frac{20 - 19.5}{19.5} = +2.5\%$$

可见,前者测试结果的准确度高。相对误差越小则准确度越高。

1.2.2 电工仪表准确度的表示方法

相对误差虽然可以说明测量结果的准确性,但不足以评定一个仪表准确度的好坏。因为就从上例看,如两个电压是用同一电表的同一量程测量的,结果相对误差差别很大。像磁电系仪表,其绝对误差在整个刻度范围内变化不大(因磁电系仪表指针偏角与电流

之间的关系基本上是线性的,读数的分辨率是相同的)。可见指针在满偏时相对误差最小,指针偏角愈小相对误差愈大。所以对一个仪表来说,其测试值的相对误差并非定数,所以相对误差不能用来评定仪表的准确度。这里再引入一个引用误差的概念。把测试点的真误差与仪表的满量程之比定义为该测试点的引用误差,即

$$\gamma_N = \frac{\Delta}{A_m} \times 100\% \qquad (1.2.4)$$

因为仪表在测试不同值时的误差不尽相同,有大有小,有正有负,所以将其中最大真误差与量程上限之比定义为最大引用误差,即

$$\gamma_{Nm} = \frac{\Delta_m}{A_m} \times 100\% \qquad (1.2.5)$$

按照国家标准规定,在规定的正常工作条件下,用仪表的最大引用误差表示仪表的基本误差。按照这个原则,国家标准对电流、电压、功率表规定了 11 个准确度等级,如表 1.2.1 所列。

表 1.2.1 11 个准确度等级

仪表的准确度等级	0.05	0.1	0.2	0.3	0.5	1	1.5	2	2.5	3.0	5.0
基本误差 α/%	±0.05	±0.1	±0.2	±0.3	±0.5	±1	±1.5	±2	±2.5	±3	±5

仪表的准确度等级已在刻度盘上注明。它实际上已把该仪表的基本误差,即最大的允许误差告知了使用者。已知量程后不难求出最大的真误差。

$$\Delta_m = \pm \alpha\% \times A_m \qquad (1.2.6)$$

当被测量为 A 时的相对误差为

$$\gamma = \frac{\Delta_m}{A} \times 100\% = \pm \alpha\% \times \frac{A_m}{A} \qquad (1.2.7)$$

从该式看出,提高测试结果的准确性,将取决于两个方面的因素,一是仪表的基本误差,二是选择合适的量程。测试值越趋向于满量程,测试结果越准确。这就告知使用者不要盲目地单方面追求仪表的准确度等级。

例如,某被测电压为 90V,今用 0.5 级 0V~300V 和 1.0 级 0V~100V 的两个电压表分别测试,求测量结果的最大相对误差。

解:

(1) $\qquad \gamma_{m1} = \alpha\% \times \frac{A_m}{A} = \pm 0.5\% \times \frac{300}{90} = \pm 1.67\%$

(2) $\qquad \gamma_{m2} = \alpha\% \times \frac{A_m}{A} = \pm 1.0\% \times \frac{100}{90} = \pm 1.1\%$

从该例可见,用 1.0 级 100V 量程的仪表反而要比用 0.5 级 300V 量程的仪表好。一般情况下,指针指在满度的 2/3 以上才有较好的测试结果,即测试误差不会超过准确度等级的 1.5 倍。根据这个道理,在用高精度仪表检定低精度仪表时,两种仪表的量程应选得尽可能相等。

1.3 电桥法比较测量

用电桥测量电阻、电感、电容等参数是一种比较测量的方法。它是将被测量与标准度量器相比较得出测量结果的。

1.3.1 用直流电桥测量电阻

1.3.1.1 测量原理

用电桥测量直流电阻的方法如图1.3.1所示。电桥平衡时检流计指示零,平衡条件是相对臂的电阻乘积相等,即

$$R_2 R_X = R_1 R_S \qquad (1.3.1)$$

所以

$$R_X = \frac{R_1}{R_2} R_S \qquad (1.3.2)$$

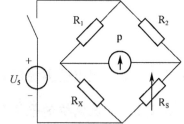

式中:R_X为被测电阻;R_S为步进式标准电阻;R_1、R_2为比例臂。

当调节R_S使电桥平衡时,由标准臂读出被测电阻。影响测量精度的因素有标准电阻的准确度、比例臂电阻的准确度和检流计的准确度。

图1.3.1 直流电桥

1.3.1.2 电桥法减小测量误差的方法

1. 替代法

如图1.3.2所示,图中R_X为被测电阻。当调节R_S达到平衡后,以准确度高一级的标准电阻R_N通过开关S_2替代被测电阻。其他测试条件不变,只调节R_N再度使电桥平衡,此时R_N的示值即为被测电阻值。这种方法能消除电桥比例臂的误差和标准电阻R_S的误差。测量误差只取决于检流计的灵敏度和标准电阻R_N的准确度。

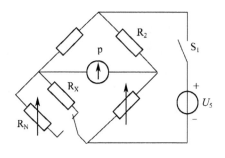

图1.3.2 替代法测量电阻

2. 换位抵消法

换位抵消法是适当安排测量方法使测量误差出现一次正误差和一次负误差,使二者相互抵消。按图1.3.3(a)所示测得

$$R'_X = \frac{R_1}{R_2} R'_S$$

然后按图1.3.3(b)接线,把R_X与R_S调换位置,重新调节电桥平衡,测得

$$R''_X = \frac{R_2}{R_1} R''_S$$

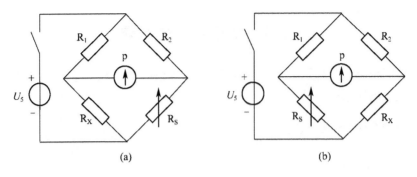

图 1.3.3　换位抵消法测量电阻

则得最终测量结果

$$R_X = \sqrt{R'_X R''_X} = \frac{R'_X + R''_X}{2}$$

1.3.2　用交流电桥测量电容、电感

1.3.2.1　交流电桥的平衡原理

交流电桥的原理如图 1.3.4 所示,它与直流电桥不同之处在于交流电桥通常由 50Hz、400Hz、1000Hz 的正弦交流电源供电,而四个桥臂基于复阻抗进行讨论。按图 1.3.4(a)接线其平衡条件为

$$Z_2 Z_X = Z_1 Z_S \tag{1.3.3}$$

$$Z_X = \frac{Z_1}{Z_2} Z_S = \left|\frac{Z_1}{Z_2}\right| |Z_S| \underline{/\phi_1 - \phi_2 + \phi_S} \tag{1.3.4}$$

可见交流电桥的平衡条件有两个方面,即参数模的平衡条件和阻抗角的平衡条件。如果臂比是实数,则 Z_X 与 Z_S 必具有同一特性,可以同是电感或同是电容。这种电桥称为臂比电桥。

如果按图 1.3.4(b)接线,则平衡条件为

$$Z_X Z_S = Z_1 Z_2 \tag{1.3.5}$$

$$Z_X = Z_1 Z_3 Z_S = |Z_1 Z_3| |Y_S| \underline{/\phi_1 + \phi_3 - \phi_S} \tag{1.3.6}$$

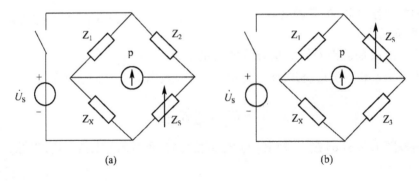

图 1.3.4　交流电桥

此时 Z_x 与 Z_s 必具相反的特性,用电容测量电感或相反。这种电桥称为臂乘电桥。

1.3.2.2　用电桥测量电容

图 1.3.5 是用臂比电桥测量电容的电路。一般情况下,电容器是有损耗的,用电阻 r_x 表示,所以在标准电容桥臂里串联标准电阻 R_s。根据式(1.3.3),有

$$r_x + \frac{1}{j\omega C_X} = \frac{R_1}{R_2}\left(R_S + \frac{1}{j\omega C_S}\right) = \frac{R_1}{R_2}R_S + \frac{R_1}{R_2}\frac{1}{j\omega C_S}$$

所以平衡条件必须满足

$$\begin{cases} r_x = \dfrac{R_1}{R_2}R_S \\ C_X = \dfrac{R_2}{R_1}C_S \end{cases} \qquad (1.3.7)$$

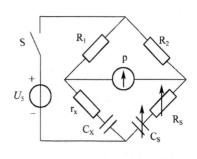

图 1.3.5　臂比电桥电容测量电路

在测量时需反复调节 R_S 和 C_S 以达到电桥平衡。

1.3.2.3　用电桥测量电感

类似上述方法可以用标准电感来测量未知电感,但以标准电容来测量电感的臂乘电桥用得更多一些,接线如图 1.3.6 所示。按照式(1.3.6),电桥平衡时应满足

$$(r_x + j\omega L_X) = R_1 R_2\left(\frac{1}{R_S} + j\omega C_S\right)$$

$$\begin{cases} r_x = \dfrac{R_1 R_2}{R_S} \\ L_X = R_1 R_2 C_S \end{cases} \qquad (1.3.8)$$

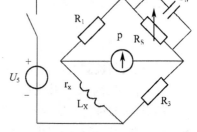

图 1.3.6　臂乘电桥测量电感

反复调节 R_S 和 C_S 使电桥达到平衡,在 R_S 和 C_S 的刻度盘上读出被测值。

1.4　工程测量及其误差

这里再一次提到误差,但有新的概念。名为"测量误差"有特定的内涵,这是未读下文而应先领悟的地方。上节讲的是测试仪表本身所固有的误差,这里讲的是工程测量误差,它是指实际测量中产生的误差,将涉及到影响测量结果误差的诸多因素。

1.4.1　测量方式

测量的过程就是把被测量与同种单位量进行比较的过程。在具体测量时首先应了解被测对象的性态,明确测量的目的和要求,而后选择恰当的测量方式和仪表。概括起来可分为四类。

1. 直接测量

凡是测量结果可由仪表测量机构直接显示的测量方式均属此类。如用电流表测量电流,用电压表测量电压,这是一种最简单的工程测量方法。

2. 间接测量

如果几个物理量间有确切的函数关系,可以首先测出几个相关量,最后用函数式计算出未知的被测量,这叫间接测量。如用电流电压法测量电阻,首先测出电阻两端的电压,而后测出流过电阻的电流,最后用欧姆定律计算出被测电阻。

3. 组合测量

组合测量比间接测量更复杂一些。为了测量某个物理量,不仅要直接测出几个相关量,而且最后还要通过解联立方程组才能求出被测量的方法叫做组合测量。

4. 比较测量

根据测量准确度的要求,有时用前述三种测量方式是不能达到目的的,需要用准确度较高的测量仪器才能满足要求,如用电桥测量电阻,用电位差计测量电压、电动势等。这种测量方法所用设备复杂,操作也比较麻烦。

1.4.2 测量误差

1.4.2.1 系统误差的概念

在相同条件下多次测量同一量时,由统计规律决定的误差和绝对值在正负号保持恒定,或在条件变化时将按确定的规律变化,此类误差称为系统误差。对这样抽象的语言还要做必要的解释。当把测量仪表接入被测电路后,仪表本身有一定电阻,要向电路索取能量,因此仪表与被测电路共同组成一个测试系统,或者说组成一个包括仪表在内的电路整体。此时仪表所承受的被测量不仅取决于被测电路本身,还与系统的诸多因素有关,包括仪表的因素,故称为系统误差。系统误差是可以计算出来的,所以能体现出系统误差具有恒定性或变化时具有固定规律性。

系统误差的来源有以下几个方面。

1. 工具和环境条件误差

这种误差来源于测量用具(包括量具、仪表、仪器和辅助设备的基本误差以及没有按规定的正常工作条件去测试带来的附加误差)。

2. 方法或理论误差

由于测量方法、原理的不完善,或采用了近似公式,都能使测量结果产生误差,所以称为方法理论误差。

例如,用低内阻电压表去测量高阻电路的电压,由于电压表内阻的分流影响,将使仪表的示值降低。如图1.4.1所示,电源电压和电阻值是准确的,将电压表看成是理想的,其内阻等于无穷大,则a、b两端的电压为3V。欲测此值不妨用两种类型的电压表去测量。

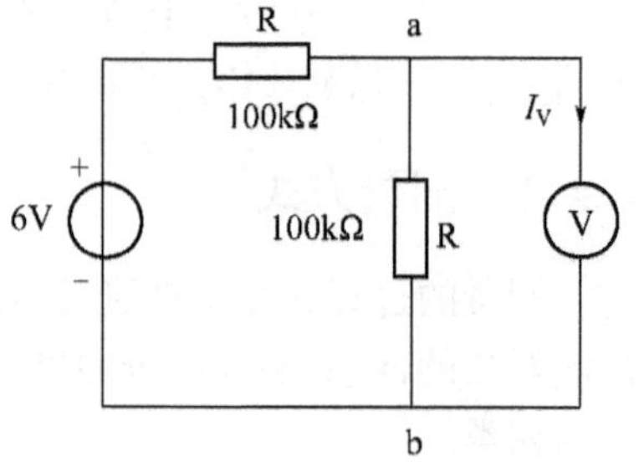

(1)用数字万用表测量。已知仪表内阻为

图1.4.1 电压表的分流影响

$10M\Omega$，把仪表接上后 a、b 间的等值电阻为

$$R'_{ab} = \frac{100 \times 10^3 \times 10 \times 10^6}{100 \times 10^3 + 10 \times 10^6} = 99009.9$$

$$U'_{ab} = 6 \times \frac{99009.9}{99009.9 + 100000} = 2.99V$$

$$\gamma_1 = \frac{2.99 - 3}{3} \times 100\% = -0.33\%$$

（2）用普通万用表测量时，一般内阻为 $20k\Omega$，若用 $5V$ 量程时其内阻为 $100k\Omega$，则接上电表后 a、b 间的等值电阻为

$$R''_{ab} = \frac{100 \times 100}{100 + 100} \times 10^3 = 5.0 \times 10^4 \Omega$$

则此时 U''_{ab} 的示值为

$$U''_{ab} = 6 \times \frac{50}{100 + 50} \times 10^3 = 2V$$

此时的测量误差为

$$\gamma_2 = \frac{2 - 3}{3} \times 100\% = -33.33\%$$

该误差太大，已失去了测量的意义。但是这种误差的性质是属于方法理论误差，不能归罪于仪表。这仅为一例，但在电压测试中是极普遍的问题。为了减小这种系统误差，关键在于正确地选择仪表，或者对测试结果加以修正。另外影响系统误差的因素还有很多，在推导测试结果的表达式中往往反映不出来，如测量装置的漏电流、热电势、引线电阻、接触电阻、平衡电路的灵敏度阈值等都要影响方法理论误差，这在精密测量时是不能忽视的。

3. 人员误差

由实验者生理上的分辨能力、感觉器官的生理变化、反应速度或固有的习惯引起的误差。

1.4.2.2 随机误差

在相同条件下多次测量某一值，其结果也不完全一致。误差的绝对值及正、负号均可能改变，但是没有一定的规律性，不能事先预计，这种误差称为随机误差（或偶然误差）。产生随机误差的原因是很多的，如电源电压的波动、电磁场的干扰、电源频率的变化、地面的振动、热起伏、操作人员感觉器官的生理变化等，都可能对测量结果带来影响。虽说随机误差不能预计，但是在多次重复测量的情况下其值符合统计规律。

1.4.2.3 过失误差

过失误差（也叫粗差）是指明显地歪曲了测量结果造成的误差，如操作者的粗心，不正确的行动，实验条件的突变，使用了有毛病的仪表，读错、记错、算错等。当然这些不正确的测量结果应该剔除。

1.4.2.4 系统误差和随机误差的数学定义

对某一被测量独立地进行 n 次等精度测量，得到测定值如下：

$$x_1, x_2, x_3, \cdots, x_n$$

测定值的算术平均值定义为

$$\bar{x} = \frac{x_1 + x_2 + \cdots + x_n}{n} = \frac{\sum\limits_{i=1}^{n} x_i}{n} \qquad (1.4.1)$$

当测量次数趋向无穷大时,算术平均值的极限被定义为

$$\alpha_x = \lim_{n \to \infty} \bar{X} = \lim_{n \to \infty} \frac{\sum\limits_{i=1}^{n} x_i}{n} \qquad (1.4.2)$$

总体平均值 α_x 与真值 x_0 之差被定义为系统误差 ε。即

$$\varepsilon = \alpha_x - x_0 \qquad (1.4.3)$$

在 n 次测量中任一次测定值 x_i 与总体平均值 α_x 之差被定义为随机误差 δ_i,即

$$\delta_i = x_i - \alpha_x \Big|_{i=1 \sim n} \qquad (1.4.4)$$

将式(1.4.3)和式(1.4.4)相加,得

$$\Delta x_i = \varepsilon + \delta_i = x_i - x_0 \qquad (1.4.5)$$

所得 Δx_i 为任一次测量时的真差。它等于系统误差与本次测量的随机误差 δ_i 的代数和。

为了更直观地了解系统误差、随机误差和粗差对测量结果的影响,可以用图 1.4.2 加以说明。

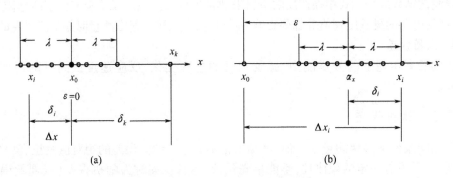

图 1.4.2　测量误差的图解说明

图 1.4.2 中,用一维坐标表示被测量 x 值。其真值定在 x_0;各次测量值为 x_i。那么凡是 x_i 与 x_0 不重合就认为有测量误差存在,则真差 Δx_i 为 x_i 与 x_0 之间的距离。

此时再注意图 1.4.2(a)与图 1.4.2(b)的区别。在图 1.4.2(a)中,各次测量值 x_i 密集在 x_0 的两侧。这就是说 x_i 没有受系统误差的影响。各次测量值相互离散是由于随机误差造成的,随机误差的极限 λ 称为随机不确定度。在图中特别标了一点 x_k,其误差 $\delta_k > \lambda$。这是由于过失误差造成的,在数据处理时应把它剔除。在图 1.4.2(b)中表示出系统误差的影响结果,此时各次测量值密集在 x_0 的某一边。

从以上分析可以得出以下结论。

(1)系统误差越小则测量越正确。

（2）随机误差的不确定度 λ 说明了测量的精密度。测量数据越离散则测量的精密度越低。

（3）真差反映了系统误差与随机误差的综合影响。

（4）精密测量得的结果未必是正确的，只有消除了系统误差之后，精密测量才是有意义的。

1.4.3 系统误差的估计和处理

任何方式的测量都要得到正确的测量结果，测量者应对产生测量误差的各种可能性有个基本估计，而后加以正确处理，这是测量取得成效的关键。比较一下产生系统误差的两个方面的原因，作为仪表一方，只要它是合格的，其误差一般情况下多不过百分之几，甚至千分之几；但是作为测量方法一方的误差原因，对于初学者来说，往往意识不到它的严重性。

问题虽然严重，但是系统误差有一定规律可循，是可以检定或计算出来的。测量者应该做的工作，一是估计一切可能产生系统误差的根源并设法消除它，二是对测量结果加以修正。概括起来应注意以下几点。

（1）所用的全部仪表、量具应该是经过检定的，精密测量时还应知道它们的修正值，包括附加误差的修正公式、曲线、表格。

（2）测量之前必须仔细检查全部仪表、量具的安放情况，如水平、零位的调定，有无相互干扰，是否便于观察，有无视差等。

（3）测量工作应在比较稳定的条件下进行。

（4）采取一些特殊的测量方法消除系统误差。

（5）对可以准确预计的系统误差加以修正。

1.4.3.1 方法理论误差的修正

这里仅举一例说明用欧姆定律测量电阻时系统误差的修正方法。欲测绘一个非线性元件的 $i = f(u)$ 特性曲线。如果由于条件所限，只能用 C31 - A 电流表测量电流 I；用 C75 - V 电压表测量电压 U。预计电流 I 在几十毫安的范围内变化，故用 30mA 的量程挡，内阻为 1.45Ω。电压在零点几伏内变化，故用 1V 量程挡，内阻为 $1k\Omega$。实验线路只可能是图 1.4.3 所示的两种方式，但都不能得到满意的测量结果。若按图 1.4.3（a）所示连接电路，由于毫安表的内阻压降大，电压表示值存在很大误差；若按图 1.4.3（b）所示连接电路，电压表的分流作用大，电流表示值存在很大误差，但是知道了仪表内阻后就可对测试结果进行修正。如果我们选用图 1.4.3（a）的电路时，电阻电压的真值应为

$$U_{R0} = U - R_V I$$

用该式对各测试点电压进行修正。

如果选用图 1.4.3（b）的电路进行测量，则电流表的真值为其示值减去电压表的分流值，即

$$I_{R0} = I - \frac{U}{R_V}$$

用该式对各测试点电流进行修正。

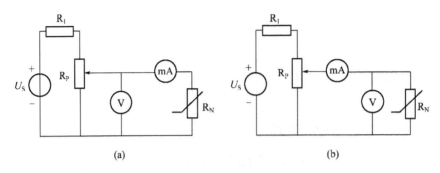

图 1.4.3　用欧姆定律测量电阻的接线图

1.4.3.2　对仪表误差的估计

1. 基本误差

例如 C31 – A 型安培表,准确度等级为 0.5 级。用 150mA 量程挡进行测量时示值为 50mA,此时的基本误差为

$$\gamma = \pm a\% \times \frac{A_{\mathrm{m}}}{A} = \pm 0.5\% \times \frac{150}{50} = \pm 1.5\%$$

2. 附加误差

该仪表保证准确度的环境温度为 20 ± 2℃,每超过 10℃ 引起的附加误差为 ±0.5%。今在 30℃ 条件下工作,温度超过标准值将近 10℃。那么在上例中,把这个误差也考虑进去,总的误差为

$$\gamma = （ \pm 0.5\% \ \pm 0.5\% ）\times \frac{150}{50} = \pm 3\%$$

又知该仪表工作位置倾斜 5 度时的误差为 ±0.5%。如果倾斜度达到这种程度时,总的误差可能达到

$$\gamma = （ \pm 0.5\% \ \pm 0.5\% \ \pm 0.5\% ）\times \left(\frac{150}{50} \right) = \pm 4.5\%$$

由此看出,仪表的使用条件对测试误差产生很大的影响,不能光看表盘刻度所标注的准确度等。

1.5　非电量电测

诸如温度、压力、流量等非电气物理量的检测,用电学量反映出来的方法叫做非电量电测。其中最关键的技术是把非电量转换成电学量的器件,俗称传感器。非电量电测是发展很快,内容非常广泛的科学技术,它涵盖了很多学科。本节仅介绍工业生产中的一些非电量电测技术。

1.5.1　传感器的基本概念

传感器是将非电量转换成与之有确定对应关系的电量或电参数的装置。它在信息检

测系统中相当于甚至超过人的感官功能。它能用于各技术领域中,包括物理、化学、生物等信息检测。传感器技术是一门综合技术,囊括检测原理、材料和加工工艺等诸多技术。传感器的组成有三个部分,如图1.5.1所示。

图 1.5.1 传感器的组成

传感器的种类非常多,按检测原理分,有磁电式、电阻式、电容式、电感式、热电式、应变式等传感器。电阻式传感器是目前应用最广的一种传感器,有应变电阻、光敏电阻、热敏电阻、压敏电阻等。通过这些敏感电阻的变化,把其感受量转换成电信号的输出。电容、电感式传感器是用感受量引起电容或电感的变化,通过辅助电路转换成电信号的输出。它主要用于检测位移、振荡等。

按输入量类别分,有压力、位移、温度、流量、振荡等传感器。这些量都是传感器的感受量。

1.5.2 温度的检测

将温度的变化转换为电阻或电势的变化是目前工业生产和控制中应用最为普遍的方法。其中,将温度变化转换为电阻变化的称为热敏电阻传感器,将温度变化转换为热电势变化的称为热电偶传感器。另外,半导体集成温度传感器中利用热释电效应制成的感温元件在测温领域中也得到越来越多的重视。这里只介绍工业上常用的热电阻和热电偶传感器。

1.5.2.1 热电偶的测温原理

热电偶是用两种不同的导体熔接而成的一种温度传感器。如图1.5.2所示,a、b是两种不同的导体。它所用导体多为铜、康铜、镍铬合金或一些非金属导体和半导体。两导体的连接处 T 称为接点,它放在被测温点,称为热端;另一端与仪表相连,称为冷端。由于热激发,在两种不同导体的冷端两点处产生热电势,这种现象称为热电效应。热电势的产生有两个原因:一是接触电势,二是温差电势。所谓接触电势是两种自由电子浓度不同的导电材料在接触处,由于自由电子的扩散作用在两导体间形成的电势差;所谓温差电势是指同一导体的两端由于温度不同,在导体两端形成的电势差。这两种电势与温度有密切的关系,温度越高,热电势越高。借此把温度的高低转换成电势的高低,再配以电子放大器把所对应的温度显示出来。

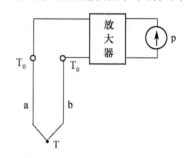

图 1.5.2 热电偶温度计

根据热电偶的原理,只要是两种不同金属材料都可以形成热电偶。但是为了保证工程技术的可靠性以及足够的测量精度,一般来说,要求热电偶电极材料具有热电性质稳定,不易氧化或腐蚀,电阻温度系数小,电导率高,测温时能产生较大的热电势等要求,并且希望这个热电势随温度单值地线性或接近线性变化;同时还要求材料的复制性好,机械强度高,制造工艺简单,价格便宜,能制成标准分度。

应该指出,实际上没有一种材料能满足上述全部要求,因此在设计选择热电偶的电极材料时,要根据测温的具体条件来加以选择。目前,常用热电极材料分贵金属和普通金属两大类,贵金属热电极材料有铂铑合金和铂,普通金属热电极材料有铁、铜、康铜、考铜、镍铬合金、镍硅合金等,还有铱、钨、锌等耐高温材料,这些材料在国内外都已经标准化。不同的热电极材料的测量温度范围不同,一般可将热电偶用于0℃~1800℃的温度测量。贵金属热电偶电极直径大多为0.13mm~0.65mm,普通金属热电偶电极直径为0.5mm~3.2mm。热电极有正、负之分,在其技术指标中会有说明,使用时应注意到这一点。

1.5.2.2 热电阻测温原理

导体(或半导体)的电阻值随温度变化而改变,通过测量其电阻值推算出被测物体的温度,这就是电阻温度传感器的工作原理。电阻温度传感器主要用于测量-200℃~500℃的温度。

纯金属是热电阻的主要制造材料,热电阻的材料应具有以下特性。

① 电阻温度系数要大而且稳定,电阻值与温度之间应具有良好的线性关系;

② 电阻率高,热容量小,反应速度快;

③ 材料的复现性和工艺性好,价格低;

④ 在测量范围内化学、物理性能稳定。

常用的热电阻材料有以下几种。

1. 铂电阻

铂电阻与温度之间的关系接近于线性,在0℃~630.74℃时可用下式表示,即

$$R_t = R_0(1 + \alpha t + \beta t^2) \tag{1.5.1}$$

在-190℃~0℃时为

$$R_t = R_0[1 + \alpha t + \beta t^2 + \gamma(t - 100)t^2] \tag{1.5.2}$$

式中:R_0、R_t分别为温度为0℃及t℃时铂电阻的电阻值;t为任意温度;α、β、γ为温度系数。

由实验得到

$\alpha = 3.96847 \times 10^{-3}℃^{-1}$ $\beta = -5.847 \times 10^{-7}℃^{-2}$ $\gamma = 4.22 \times 10^{-12}℃^{-4}$

由以上两式看出,当R_0值不同时,在同样温度下其R_t值也不同。目前国内统一设计的一般工业用标准铂电阻R_0值有100Ω和500Ω两种,并将电阻值R_t与温度t的相应关系一列成表格,称其为铂电阻的分度表,分度号分别用pt100和pt500表示,但应注意与我国过去用的老产品的分度号相区分。

铂易于提纯,在氧化性介质中,甚至在高温下其物理、化学性质都很稳定,但它在还原气氛中容易被侵蚀变脆,因此一定要加保护套管。

2. 铜电阻

在测量精度要求不高且测温范围比较小的情况下,可采用铜做热电阻材料代替铂电阻。在-50℃~150℃时,铜电阻与温度呈线性关系,其电阻与温度的函数表达式为

$$R_t = R_0(1 + \alpha t) \tag{1.5.3}$$

式中:α 在 $4.25 \times 10^{-3}\text{℃}^{-1} \sim 4.28 \times 10^{-3}\text{℃}^{-1}$ 之间,为铜电阻温度系数;R_0,R_t 分别为温度为 0℃ 和 t℃ 时铜的电阻值。

铜电阻的缺点是电阻率较低,电阻的体积较大,热惯性也大,在 100℃ 以上易氧化,因此,只能用在低温及无侵蚀性的介质中。

我国以 R_0 值在 50Ω 和 100Ω 条件下制成的相应分度表作为标准,供使用者查阅。

3. 热敏电阻

热敏电阻是利用半导体材料做成的。它的导电性能对温度变化十分敏感,故可以用它来做成热敏电阻以实现温度的测量。其主要特点简述如下。

(1)灵敏度高。一般金属当温度变化 1℃ 时,其阻值变化 0.4% 左右,而半导体热敏电阻变化可达 3% ~ 6%。

(2)体积小。珠形热敏电阻的探头的最小尺寸达 0.2mm,能测热电偶和其他温度计无法测量的空隙、腔体、内孔等处的温度,如人体血管内的温度等。

(3)使用方便。热敏电阻阻值范围为 $10^2\Omega \sim 10^5\Omega$,可任意挑选,热惯性小,而且不像热电偶需要冷端补偿,不必考虑线路引线电阻和接线方式,容易实现远距离测量,功耗小。

(4)热敏电阻的缺点是所测量的温度范围比较低,其范围取决于热敏电阻的材料,一般为 -100℃ ~ 350℃。

热敏电阻一般可分为负温度系数(NTC)热敏电阻器、正温度系数(PTC)热敏电阻器和临界温度电阻器(CTR)。通常所说的热敏电阻是指 NTC 热敏电阻器,它是由某些金属氧化物的混合物制成。如氧化铜、氧化铝、氧化镍、氧化铼等按一定比例混合研磨、成型、锻烧成块,然后采用不同封装形式制成珠状、片状、杆状、垫圈状等形状。改变这些混合物的配比成分就可以改变热敏电阻的温度范围、阻值及温度系数。

图 1.5.3 所示为热敏电阻的电阻—温度特性曲线。显然,热敏电阻的阻值和温度的关系不是线性的,它形象地反映了热敏电阻在全部工作范围内的温度灵敏度和线性度。热敏电阻的测温灵敏度比金属丝高很多。

热敏电阻的电压、电流之间的关系也是热敏电阻的重要特性之一。它是在电阻本身与周围介质处于热平衡条件下加在热敏电阻上的端电压和通过电阻的电流之间的关系,如图 1.5.4 所示。从图中可以看出,当流过热敏电阻的电流很小时,曲线呈直线状,热敏电阻的端口特性符合欧姆定律;随着电流的增加,热敏电阻的温度明显增加(耗散功率增加),由于负温度系数的关系,其电阻的阻值减少,于是端电压的增加速度减慢,出现非线

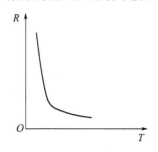

图 1.5.3　负温度系数热敏阻的温度特性

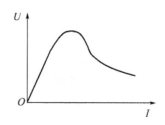

图 1.5.4　热敏电阻的电流电压特性

性;当电流继续增加时,热敏电阻自身温度上升更快,使其阻值大幅度下降,其减小速度超过电流增加速度,因此出现电压随电流增加而降低的现象。这组特性有助于我们正确选择热敏电阻的正常工作范围。例如用于测温、控温以及补偿的热敏电阻,就应当工作在曲线的线性区,也就是说,测量电流要小,这样就可以忽略电流加热所引起的热敏电阻阻值发生的变化,而使热敏电阻的阻值变化仅与环境温度(被测温度)有关。如果是利用热敏电阻的耗散原理工作的,如测量流量、真空、风速等,就应当工作在曲线的负阻区。若要求热敏电阻工作稳定好,则温度不宜过高,最好是150℃左右。热敏电阻虽然具有非线性特点,但利用温度系数很小的金属电阻与其串联或并联,也可能得到具有一定线性的温度特性。

汽车等车辆的水箱温度是正常行驶所必测的参数,可以用 PTC 热敏元件固定在铜质感温塞内,感温塞插入冷却水箱内。汽车运行时,冷却水的水温发生变化引起 PTC 阻值变化,导致仪表中的加热线圈的电流发生变化,指针就可指示出不同的水温(电流刻度已换算为温度刻度)。还可以自动控制水箱温度,防止水温过高。PTC 热敏元件受电源波动影响极小,所以线路中不必加电压调整器。

热敏电阻除了可以测温外,还可以用它来测量辐射,则成为热敏电阻红外探测器。热敏电阻红外探测器由铁、镁、钴、镍的氧化物混合压制成热敏电阻薄片构成,它具有 -4% 的电阻温度系数,辐射引起温度上升,电阻下降,为了使入射辐射功率尽可能被薄片吸收,通常在它的表面加一层能百分之百地吸收入射辐射的黑色涂层。这个黑色涂层对于各种波长的入射辐射都能全部吸收,对各种波长都有相同的响应率,因而这种红外探测器是一种"无选择性探测器"。

1.5.3　材料应变的测量

固体金属或非金属材料受外力会产生拉伸、压缩、弯曲等变形,或由于时效产生内应力而导致变形等,对这种变形的测量可以采用电阻应变传感器。其核心器件是电阻应变片,如图 1.5.5 所示。它是在一片绝缘薄膜基片上粘贴特制的金属电阻薄膜,连出引线,然后再覆盖一层绝缘薄膜做成的,整个形状是薄膜状的。

将电阻应变片粘贴在被测构件测试点的表面上,如图 1.5.6 所示。当构件受力变形的同时导致电阻应变片变形,从而使引起电阻应变片的电阻发生变化。电阻的变化经电

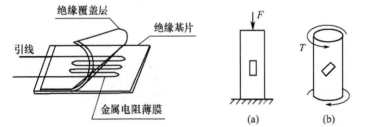

图 1.5.5　电阻应变片

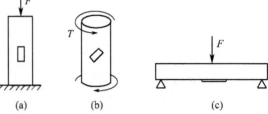

图 1.5.6　电阻应变片的粘贴
(a) 拉伸或压缩;(b) 扭曲;(c) 弯曲。

路处理后以电信号的方式输出,这就是电阻应变式传感器的工作原理。

1.5.4 电桥测量电路

无论是用热敏电阻测量温度,还是用电阻应变片测量构件的内应力,其基本测量方法是采用电桥作为测量电路。把敏感电阻的相对变化转化为输出电压的变化。

典型的直流电桥结构如图 1.5.7 所示。传感器电阻可以充任其中任意一个桥臂。图中 R_4 为应变片电阻;R_L 为负载电阻;U_S 为电源电压;U_L 为输出电压。图中 R_3 为可调电阻是为了在基准条件下调节电桥平衡。当四个桥臂电阻满足

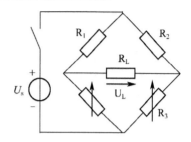

图 1.5.7 测量电桥

$$R_1 R_3 = R_2 R_4 \qquad (1.5.4)$$

时,电桥处于平衡状态,对角线上输出电压 U_L 为零。1.4 节中介绍的用电桥测电阻的方法是工作在平衡状态下的。然而在用电桥测温或测应变时 R_4 将随被测参数变化而变化,则电桥工作在不平衡状态。如果考虑 R_L 的存在,输出电压的关系式要复杂得多。一般情况下负载端要接高输入阻抗的信号放大器,可以把负载阻抗视为无穷大。那么在此条件下

$$U_{oc} = \frac{R_4}{R_1 + R_4} U_S - \frac{R_3}{R_2 + R_3} U_S = U_S \frac{R_2 R_4 - R_1 R_3}{(R_1 + R_4)(R_2 + R_3)} \qquad (1.5.5)$$

假定四个桥臂参数 R_1、R_2、R_3、R_4 是平衡状态下的参数,那么当 R_4 发生变化有增量 ΔR_4 时

$$U_{oc} = \frac{R_2(R_4 + \Delta R_4) - R_1 R_3}{(R_1 + R_4 + \Delta R_4)(R_2 + R_3)} U_S = \frac{R_2 R_4 - R_1 R_3 + R_2 \Delta R_4}{(R_1 + R_4 + \Delta R_4)(R_2 + R_3)} U_S \quad (1.5.6)$$

在平衡条件下,因为 $R_2 R_4 - R_1 R_3 = 0$,所以式(1.5.6)将变为

$$U_{oc} = \frac{\Delta R_4 R_2}{(R_1 + R_4 + \Delta R_4)(R_2 + R_3)} U_S = \frac{\dfrac{R_2}{R_3} \dfrac{\Delta R_4}{R_4}}{\left(1 + \dfrac{R_1}{R_4} + \dfrac{\Delta R_1}{R_4}\right)\left(1 + \dfrac{R_2}{R_3}\right)} U_S \quad (1.5.7)$$

设桥臂比 $\dfrac{R_1}{R_4} = \dfrac{R_2}{R_3} = n$,如果敏感电阻的相对变化比较小时,略去分母中的 $\dfrac{\Delta R_4}{R_4}$,有

$$U_{oc} \approx \frac{n}{(1 + n)^2} \frac{\Delta R_1}{R_1} U_S \qquad (1.5.8)$$

输出电压与电阻的相对变化成正比。

1.5.5 转速的检测

转速或转角的测量在生产中或自动控制系统中十分多见。对于模拟量测速元件,通常采用直流测速发电机。它已被广泛应用于速度伺服系统中。由于数控技术的发展,计

算机控制技术的应用,数字化测量转速的技术水平也相当完善。在机器人和数控系统中,通常采用光电码盘或光电式脉冲发生器(亦称增量编码器)作为速度反馈元件。

对于测速元件的基本要求表述如下。

(1)高分辨力:分辨力表征测量装置对转速变化的敏感度,当测量数值改变时,对应于转速由 n_1 变为 n_2,则分辨力 Q 定义为

$$Q = n_2 - n_1 \quad (\text{r/min}) \tag{1.5.9}$$

Q 值越小,说明测量装置对转速变化越敏感,亦即其分辨力越高。为了扩大调速范围,能在尽可能低的速度下测量,必须有很高的分辨力。

(2)高精度:精度表示偏离实际值的百分比,即当实际转速为 n、误差为 Δn 时的测速精度为

$$\varepsilon\% = (\Delta n / n) \times 100\% \tag{1.5.10}$$

影响测速精度的因素有光电测速器的制造误差和数据处理中带来的误差。

(3)短的检测时间:所谓检测时间,即两次速度连续采样的间隔时间 T。T 越短,越有利于实现快速响应。

1.5.5.1 直流测速发电机

直流测速发电机是能够产生和电动机转轴角速度成比例的电信号的机电装置。它对伺服系统的最重要的贡献是为速度控制系统提供转轴速度负反馈。尽管它存在由于空气隙和温度变化以及电刷的磨损而引起的测速发电机输出斜率的改变等问题,但它还具有在宽广的范围内提供速度信号的能力等优点。因此,直流测速发电机仍是速度伺服控制系统中的主要反馈元件。

顾名思义,直流测速发电机是专门为测量机械转速而制造的小功率直流发电机。它能够产生与电机转轴角速度成比例的电压信号。基本依据是公式 $E = C_E \phi n$,即用电压高低反映转速的高低。

直流测速发电机具有宽广的转速测量范围,在反馈自动调速系统中具有重要意义。按照励磁方式划分,直流测速发电机有两种形式:

(1)永磁式:永磁式测速发电机结构简单,其定子磁极由矫顽力很高的永久磁铁制作,没有励磁绕组,使用便利。目前在伺服系统中应用较多的是这种测速发电机。

(2)他励式:定子励磁绕组由外部电源供电,通电时产生磁场。

一般来说,由于伺服系统的特殊用途,它对控制元件的基本要求是精确度高、灵敏度高、可靠性好等。具体地说,直流测速发电机在电气性能方面应满足以下几项要求:

① 线性度要好,即输出电压和转速的特性曲线呈线性关系;

② 输出特性的对称性要一致,即电机正、反转性能一致;

③ 输出特性的斜率要大,大的斜率意味着测速灵敏度高;

④ 温度变化对输出特性的影响要小,这是保证测量精度的重要因素;

⑤ 输出电压的纹波要小,因为测量电路的感受量是直流电,额外的波动要给测量带

来误差。

作为系统设计师,在实践中要正确选择合适的测速发电机,就必须了解影响其偏离理想状况的原因。着重考虑纹波电压、线性度和温度稳定性。

纹波电压与测速发电机自身的设计特点和制造工艺有关,它一般是转角的函数,但不一定成比例,在一般系统中纹波电压频率较高,采用简单的 RC 低通网络很容易将它滤掉。

当直流测速发电机工作在"额定"转速时,它的线性度特性一般是很好的(0.5% 左右),但是当工作在较高转速时,应考虑非线性问题。对于温度稳定性,它与磁铁的温度系数有关,在要求高的系统中需采用温度补偿技术。目前,新型稀土材料(钐钴合金),其温度系数小,适于制作高精度永磁式直流测速发电机。

1.5.5.2 数字测速元件——光电脉冲测速机

数字测速元件是由光电脉冲发生器及检测装置组成。它们具有低惯量、低噪声、高分辨率和高精度的优点,有利于控制直流伺服电动机。脉冲发生器连接在被测轴上,随着被测轴的转动产生一系列的脉冲,然后通过检测装置对脉冲进行比较,从而获得被测轴的速度。

光电脉冲发生器又称增量式光电编码器,目前广泛应用的有电磁式和光电式两种。图 1.5.8 是电磁式的一例。这是一种交流测速机,其转子是多极磁化的永磁体,一般和电动机的轴直接连接。转子若旋转,在定子端就产生接近于正弦波的交流电压,然后将其整形成为与转速成比例的理想脉冲波形。

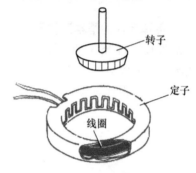

图 1.5.8　电磁式脉冲发生器

另外,最近广泛使用的数字测速元件是光电式脉冲发生器,图 1.5.9 为其基本原理图。它由光源、光电转盘、光敏元件和光电整形放大电路组成。光电转盘与被测轴连接,光源通过光电转盘的透光孔射到光敏元件上,当转盘旋转时,光敏元件便发出与转速成正比的脉冲信号。为了适应可逆控制以及转向判别,光电脉冲发生器输出两路(A 相、B 相)相隔 $\pi/2$ 电脉冲角度的正交脉冲。在某些编码器中,常备有作为参考零位的标志脉冲或指示脉冲,用来指示机械位置或对累积误差清零,输出波形如图 1.5.10 所示。

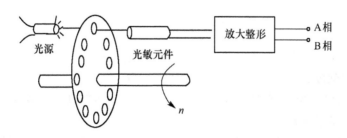

图 1.5.9　光电式脉冲发生器的原理图

33

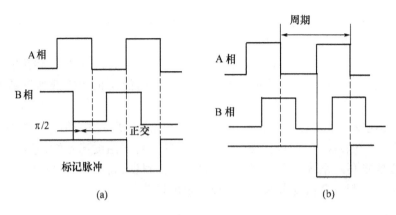

图 1.5.10　光电脉冲发生器的输出波形
（a）顺时针转；（b）逆时针转。

1.5.5.3　霍耳式测速传感器

1. 霍耳元件的基本工作原理

如图 1.5.11 所示的半导体薄片，若在它的两端通以控制电流 I，在薄片的垂直方向上施加磁感应强度为 B 的磁场，则在半导体薄片的两侧产生一电动势 E_H，称为霍耳电动势，这一现象称为霍耳效应。

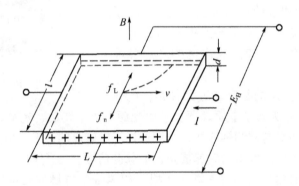

图 1.5.11　霍耳效应原理图

E_H 的大小可用下式表示，即

$$E_H = \frac{R_H I B}{d} \cos\theta$$

式中：R_H 为霍耳系数，单位为 m^3/C，半导体材料（尤其是 N 形半导体）可以获得很大的霍耳系数；θ 为磁感强度 B 与元件平面法线间的角度，当 $\theta \neq 0$ 时，有效磁场分量为 $B\cos\theta$；d 为霍耳元件厚度，单位为 m，霍耳元件一般都比较薄，以获得较高的灵敏度。

2. 霍耳元件测速原理

利用霍耳元件实现非接触转速测量的原理图如图 1.5.12 所示。通以恒定电流的霍耳元件放在齿轮和永久磁铁中间。当机件转动时带动齿轮转动，齿轮使作用在元件上的

34

磁通量发生变化,即齿轮的齿对准磁极时磁阻减小,磁通量增大,而齿间隙对准磁极时磁阻增大,磁通量减小。这样随着磁通量的变化,霍耳元件便输出一个个脉冲信号。旋转一周的脉冲数等于齿轮的齿数。因此,脉冲信号的频率大小反映了转速的高低。

3. 霍耳电动势的放大

霍耳电动势一般为毫伏级,所以实际使用时都采用运算放大器加以放大,再经计数器和显示电路,即可实时显示转速,放大电路的原理电路如图1.5.13所示。

图1.5.12　霍耳式转速测量示意图

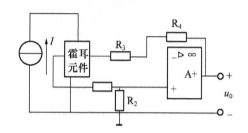

图1.5.13　霍耳电动势的放大电路

1.6　安　全　用　电

《中华人民共和国电力法》规定:"国家对电力与使用实行安全用电、节约用电和计划用电的管理原则"。把安全用电列为首位,这是所有供电企业和用电单位及一切电力用户的共同责任和法定义务。

1.6.1　触电及安全保障措施

当人体触及带电体或距高压带电体的距离小于放电距离时,以及因强力电弧等使人体受到危害,这些统称为触电。人体受到电的危害分为电击和电伤。

1.6.1.1　电击

人体触及带电体有电流通过人体时将发生三种效应:一是热效应(人体有电阻而发热);二是化学效应(电解);三是机械力效应,因而人体会立即做出反应而出现肌肉收缩并产生麻痛。在刚触电的瞬间,人体电阻比较高,电流较小。若不能立即离开电源则人体电阻会迅速下降而电流猛增,会产生肌肉痉挛,烧伤,神经失去正常传导,呼吸困难,心率失常或停止跳动等严重后果甚至导致死亡。

人体受电流的危害程度与许多因素有关,如电压的高低、频率的高低、人体电阻的大小、触电部位、时间长短、体质的好坏、精神状态等。人体的电阻并不是常数,一般为 $40k\Omega \sim 100k\Omega$,这个阻值主要集中在皮肤,去除皮肤则人体电阻只有 $400\Omega \sim 800\Omega$。当然人体皮肤电阻的大小也取决于许多因素,如皮肤的粗糙或细腻、干燥或湿润、洁净或脏污等。下面提供一些资料供参考,如表1.6.1所列。另外,50Hz、60Hz的交流电对人体的伤害最为严重,直流和高频电流对人体的伤害较轻,人的心脏、大脑等部位最怕电击,过分恐惧会带来更加不利的后果(表1.6.1)。

表 1.6.1　人体被伤害的程度与电流大小的关系

名称	定义	成年男性/mA		成年女性/mA	
感觉电流	引起感觉的最小电流	交流	1.1	交流	0.7
		直流	5.2	直流	3.5
摆脱电流	触电后能自主摆脱的最大电流	交流	16	交流	10.5
		直流	76	直流	51
致命电流	在较短时间内能危及生命的最小电流	交流　30~50			
		直流　1300(0.3s);50(3s)			

1.6.1.2　电伤

电伤是指由电流的热效应、化学效应、机械效应、电弧的烧伤及熔化的金属飞溅等造成的对人体外部的伤害。电弧的烧伤是常见的一种伤害。

1.6.1.3　触电的形式

1. 直接触电

直接触电是指人在工作时误碰带电导体造成的电击伤害。防止直接触电的基本措施是保持人体与带电体之间的安全距离。安全距离是指在各种工作条件下带电体与人之间、带电体与地面或其他物体之间以及不同带电体之间必须保持的最小距离，以此保证工作人员在正常作业时不至于受到伤害。表6.1.2给出安全距离的规范值。

表 1.6.2　人与带电设备的安全距离

电压等级/kV	安全距离/m		电压等级/kV	安全距离/m	
	有围栏	无围栏		有围栏	无围栏
10 以下	0.35	0.7	60	1.5	1.5
35	0.5	1.0	220	3.0	3.0

2. 间接触电

间接触电是指设备运行中因设备漏电，人体接触金属外皮造成的电击伤害。防止此种伤害的基本措施是合理提高电气设备的绝缘水平，避免设备过载运行发生过热而导致绝缘层损坏，要定期检修、保养、维护设备。对于携带式电器应采取工作绝缘和保护绝缘的双重绝缘措施。规范安装各种保护装置等。

3. 单相触电

单相触电是指人站立于地面而触及输电线路的一根火线造成的电击伤害。这是最常见的一种触电方式。在380V/220V中性点接地系统中，人将承受220V的电压。在中性电不接地系统中，人体触及一根火线，电流将通过人体、线路与大地的电容形成通路，也能造成对人体的伤害。

4. 两相触电

两相触电是指人两手分别触及两根火线造成的电击伤害。此种情况下，人的两手之间承受着380V的线电压，这是很危险的。

5. 跨步电压触电

跨步电压触电是指高压线跌落,或是采用两相一地制的三相供电系统中,在相线的接地处有电流流入地下向四周流散,在 20m 径向内不同点间会出现电位差,人的两脚沿径向分开,可能发生跨步电压触电。

1.6.1.4 电气安全的基本要求

1. 安全电压的概念

安全电压是指为防止触电而采取的特定电源供电的电压系列。在任何情况下,两导线间及导线对地之间都不能超过交流有效值 50V。安全电压的额定值等级为 42V、36V、24V、12V、6V。在一般情况下采用 36V,移动电源(如行灯)多为 36V,在特别危险的场合采用 12V。当电压超过 24V 时,必须采取防止直接接触带电体的防护措施。

2. 严格执行各种安全规章制度

为了加强安全用电的管理,国家及各部门制定了许多法规、规程、标准和制度。如在 1993 年执行的 JG3/T16—16"民用建筑电气设计规范"等,使安全用电工作进一步走向科学化、标准化、规范化,对防止电气事故,保证人身及设备的安全具有重要意义。一切用电户,电气工作人员和一般的用电人员都必须严格遵守相应的规章制度。对电气工作人员来说,相关的安全组织制度包括工作许可制度、工作票制度、工作监护制度和工作间断、转移、交接制度,安全技术保障制度包括停电、验电、装设接地线和悬挂警示牌和围栏等制度。非电气人员不能要求电气人员做任何违章作业。

3. 电器装置的安全要求

(1)正确选择线径和熔断器:根据负荷电流的大小合理选择导线的截面和配置相应的熔断器是避免导线过热而发生火灾事故的基本要求。应该根据导线材料、绝缘材料布设条件、允许的升温和机械强度的要求查手册确定。一般塑料绝缘导线的温度不得超过 70℃,橡皮绝缘导线不得超过 65℃。

(2)保证导线的安全距离:导线与导线之间,导线与工程设备之间,导线与地面、树木之间应有足够的距离,要查手册确定。

(3)正确选择断路器、隔离开关和负荷开关:这些电器都是开关但是功能有所不同,要正确理解和选用。断路器是重要的开关电器,它能在事故状态下迅速断开短路电流以防止事故扩大。隔离开关有隔断电源的作用,触点暴露有明显的断开提示,它不能带负荷操作,应与断路器配合使用。负荷开关的开断能力介于断路器和隔离开关之间,一般只能切断和闭合正常线路,不能切断发生事故的线路,它应当与熔断器配合使用,用熔断器切断短路电流。

(4)要规范安装各种保护装置:如接地和接零保护、漏电保护、过电流保护、缺相保护、欠压保护和过电压保护,目前生产的断路器的保护功能相当完善。

1.6.1.5 家庭安全用电

在现代社会,家庭用电越来越复杂,家庭触电时有发生。家庭触电是人体站在地上接触了火线,或同时接触了零线与火线,就其原因分为以下几类。

1. 无意间的误触电

（1）因导线绝缘破损而导致在无意间触电，所以平时的保养、维护是不可忽视的。

（2）潮湿环境下触电，所以不可用湿手搬动开关或拔、插插头。

2. 不规范操作造成的触电

不停电修理、安装电器设施造成的触电，往往有这几种情况：带电操作但没有与地绝缘；或是虽然与地采取了绝缘但又手托了墙；或是手接触了火线同时又碰上零线；或是使用了没有绝缘的工具，造成火线与零线的短路等。所以一定要切忌带电作业，而且在停电后要验电。

3. 电器设备的不正确安装造成的危害

（1）电器设备外壳没有安装保护线，设备一旦漏电就能造成触电，所以一定要使用单相三线插头并接好接地或接零保护。

（2）开关安装不正确或是安在零线上，这样在开关关断的情况下，火线仍然与设备相连而造成误触电。

（3）把火线接在螺口灯泡外皮的螺扣上造成触电。

（4）禁止把接地保护接在自来水、暖气、煤气管道上，设备一旦出现短路会导致这些管道电位升高造成触电。

（5）误用代用品，如用铜丝、铝丝、铁丝等代替保险丝，没有起到实际保险作用而造成火灾；用医用的伤湿止痛贴膏之类的物品代替专业用绝缘胶布造成触电等。

1.6.1.6　电气事故的紧急处置

（1）对于电气事故引起的火灾，首先要就近切断电源而后救火。切忌在电源未切断之前用水扑火，因为水能导电反而能导致人员触电。拉动开关有困难时，要用带绝缘的工具切断电源。

（2）人体触电后最为重要的是迅速离开带电体，延续时间越长造成的危害越大。在触电不太严重的情况下靠人自卫反应能迅速离开，但在较严重的情况下自己已无能为力了，此时必须靠别人救护，迅速切断电源。切断电源一时有困难时，救护人不要直接用裸手接触触电人的肉体而必须有绝缘防护。由此可见，要切忌一人单独操作，以免发生事故而无人救护。

（3）触电的后果如何，往往取决于救护行为的快慢和方法是否得当。救护方法是根据当时的具体情况而确定的，如果触电人还有呼吸或一度昏厥，则应当静躺、宽衣、保温、全身按摩并给予安慰，请医生诊治。如果触电人已经停止呼吸，甚至心跳停止，但没有明显的脑外伤和明显的全身烧伤，此种情况往往是假死，此时应当立刻进行人工呼吸及心脏按压使心跳和呼吸恢复正常。实践证明，在 1min 内抢救，苏醒率可超过 95%，而在 6min 后抢救，其苏醒率不足 1%。此种情况下，救护人员一定要耐心坚持，不可半途而废。只有医务人员断定确实已经无可挽救时才可停止急救措施。

1.6.2　电气接地和接零

电气接地是指电气设备的某一部位（不论带电与否）与具有零电位的大地相连。电气接地有以下几种方式。

1.6.2.1 工作接地

工作接地是指在电力系统中,为了运行的需要而设置的接地。图 1.6.1 所示为应该推广的三相五线制低压供电系统。发电机、变压器的中性点接地。从中性点引出线 N 叫工作零线。工作零线为单相用电提供回路。从中性点引出的 PE 线叫保护零线。将工作零线和保护零线的一点或几点再次接地叫重复接地。低压系统工作中应将工作零线与保护零线分开。保护零线不能接在负荷回路中。

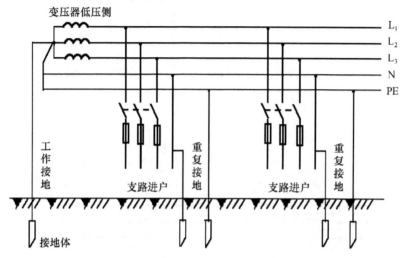

图 1.6.1　三相五线制低压供电系统

1.6.2.2 保护接地

把电器设备不应该带电的金属构件、外壳与埋在地下的接地体用接地线连接起来的设施称为保护接地。这样能保持设备的外壳与大地等电位以防止设备漏电对人员造成伤害。

目前保护接地有下列几种形式。

1. TT 系统

TT 系统是指在三相四线制供电系统中,将电气设备的金属外壳通过接地线接至与电力系统无关联的接地点,这就是所说的接地保护,如图 1.6.2 所示。

2. TN 系统

TN 系统是指在三相四线制供电系统中,将电气设备的金属外壳通过保护线接至电网的接地点,这就是所说的接零保护。这是接地的一种特殊形式。根据保护零线与工作零线的组合情况又分为三种情况。

1）TN - C 系统

TN - C 系统中工作零线 N 与保护零线 PE 是合一的,如图 1.6.3 所示。这是目前最常见的一种形式。

2）TN - S 系统

TN - S 系统中工作零线 N 与保护零线 PE 是分别引出的,如图 1.6.1 所示。接零保

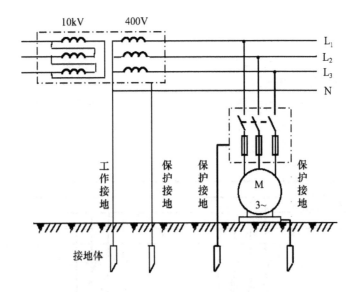

图 1.6.2　电力网中的 TT 接地系统

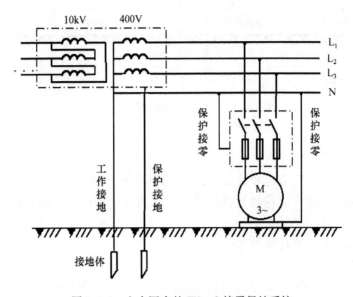

图 1.6.3　电力网中的 TN－C 接零保护系统

护只能接在保护零线上,正常情况下保护零线上是没有电流的。这是目前推广的一种形式。

　　3) TN－C－S 系统

　　TN－C－S 系统是 TN－C 和 TN－S 系统的组合。在输电线路的前段工作零线 N 和保护零线 PE 是合一的,在后段是分开的。

　　3. 其他接地系统

　　1) 过电压保护接地

　　为了防止雷击或过电压的危险而设置的接地称为过电压保护接地。

　　2) 防静电接地

为了防止生产过程中产生的静电造成危害而设置的接地称为防静电接地。

3）屏蔽接地

为了防止电磁感应的影响,把电器设备的金属外壳、屏蔽罩等接地称为屏蔽接地。

1.6.2.3 接地保护的原理

如图1.6.4(a)所示,设备没有采取接地保护措施。当电路某一相绝缘损坏而使机座带电时,人触及了带电的机座,便有电流通过人体—大地—电网的工作接地点形成回路而造成对人体的伤害。即便是中性点不接地的系统也能通过大地对线路的电容形成回路。相反像图1.6.4(b)那样采取了接地保护措施,设备与大地仅有几欧姆的接地电阻。一旦设备漏电,电流经过接地线—接地体—线路与大地的电容以及电网工作接地点形成回路而使流过人体的电流极小,免除了对人体的伤害。采用接零保护时漏电流是通过接零保护线形成回路而不经过人体。

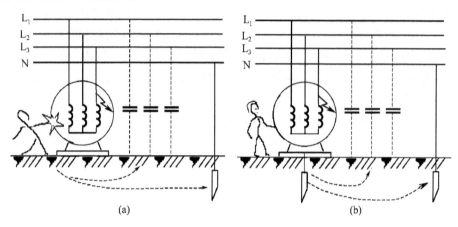

图1.6.4 接地保护的原理

1.6.2.4 不重复接地的危险

图1.6.5所示为中性点接地电网,所有设备采用接零保护,但没有采取重复接地保护。此时的危险是如果零线因事故断开,只要后面的设备有一台发生漏电,则会导致所有设备的外壳都带电而造成大面积触电事故。

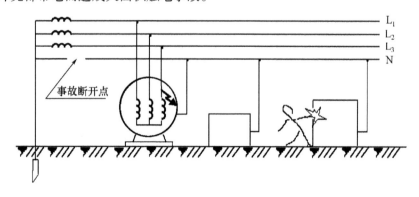

图1.6.5 没有重复接地的危险

1.6.2.5 对接地系统的一般要求

对接地系统的要求如下：

（1）一般在三相四线制供电系统中，应采取接零保护、重复接地。但是由于三相负载不对称，零线上的电流会引起中性点位移，所以推荐采用三相五线制。保护零线 N 和工作零线 PE 都应当重复接地。

（2）不同用途、不同电压的设备如没有特殊规定应采用同一接地体。

（3）如接地有困难时应设置绝缘工作台，避免操作人员与外物接触。

（4）低压电网的中性点可直接接地或不接地。380V/220V 电网的中性点应直接接地。中性点接地的电网应安装能迅速自动切断接地短路电流的保护装置。

（5）在中性点不接地的电网中，电气设备的外壳也应采取保护接地措施，并安装能迅速反应接地故障的装置，也可安装延时自动切除接地故障的装置。

（6）由同一变压器、同一段母线供电的低压电网不应同时采用接地保护和接零保护。但在低压电网中的设备同时采用接零保护有困难时，也可同时采用两种保护方式。

（7）在中性点直接接地的电网中，除移动设备或另有规定外，零线应在电源进户处重复接地，或是接在户内配电柜的接地线上。架空线不论干线、分支线，在沿途每千米处及终端都应重复接地。

（8）三线制直流电力回路的中性线也应直接接地。

第2章 基础实验

实验一 电工测量仪表误差的检定及内阻的测量

一、实验目的
（1）了解电工测量仪表的基本误差和附加误差的概念并实地检定。
（2）了解电工测量仪表的内阻的概念并测试。
（3）熟悉磁电系仪表和普通万用表、数字万用表的使用方法。

二、实验原理
MF – 30 万用表 DC5mA 挡基本误差的检定

所谓仪表的检定是将被检测的仪表与标准仪表相比较，看其准确度是否符合表盘上标注的准确度等级。按照仪表检定规程规定，标准仪表的准确度等级至少比被检仪表的准确度等级高两级。如今被检仪表的准确度为 2.5 级，即真差与量程之比为 ±2.5% ；选用 C31 – A 电流表作为标准表，其准确度为 0.5 级。按要求，标准表与被检表的量程相同，才能发挥标准表的准确度性能。而今标准表没有 5mA 量程挡，故就近选用 7.5mA 挡，则示值为 5mA 时的基本误差为 $\gamma_1 = \pm 0.5\% \times \dfrac{75}{50} = \pm 0.75\%$ ，用来检定 2.5 级的仪表仍然是符合要求的。

三、实验设备
（1）直流稳压电源一台。
（2）安培毫安表，其内阻见表2.1.3。
（3）数字显示万用表。
（4）MF – 30 型磁电系万用表。
（5）直流电压表内阻每伏 2kΩ。
（6）多功能电路实验装置。

四、实验内容与步骤
1. 实验内容
检定线路如图2.1.1所示。

图中 U_S 为可调直流稳压电源；A_0 为标准表；A_1 为被检仪表；R_0 为可调电阻；R_1 为固定电阻。

（1）检查并调定仪表的安放位置情况，零位指示。

（2）调节稳压电源的输出电压为 1.9V。

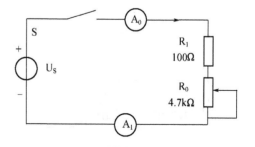

图 2.1.1 检定电流表的线路图

（3）调节 R_1 使被检仪表的示值为 1mA、2mA、3mA、4mA、5mA 时记录相应的标准表的读数及被检仪表的内阻压降,记入表 2.1.1。

表 2.1.1　标准表的读数及被检仪表的内阻压降

被检表名称			号码		准确度		
标准表名称			号码		准确度		
基本误差检定	被检表指示值	mA	1	2	3	4	5
	标准表指示值	mA					
	修正值	mA					
	真差	mA					
	准确度	%					
内阻测量	被检表内阻压降	mV					
	被检表内阻	Ω					
	内阻平均值	Ω					

（4）计算出表中各项数值。

2. 检定 MF－30 万用表直流 5V 挡的准确度并记录 kΩ/V 数

被检仪表准确度同样为 2.5 级;标准表采用 C75－V 电压表准确度为 ±0.5% 。

（1）自拟检定线路。

（2）在被检仪表示值为 1V、2V、3V、4V、5V 各测试点读取标准表读数及流过的电流,记录在表 2.1.2 中,计算出各数据。

表 2.1.2　标 准 表 的 读 数 及 被 检 仪 表 的 电 流

被检表名称			号码		准确度		
标准表名称			号码		准确度		
基本误差检定	被检表指示值	V	1	2	3	4	5
	标准表指示值	V					
	修正值	V					
	真差	V					
	准确度	%					
内阻测量	电流表指示值	mA					
	修正值	mA					
	真差	mA					
	内阻	kΩ					
	内阻平均值	kΩ					
	每伏内阻数	kΩ/V					

五、实验注意事项

（1）注意各仪表内阻（表 2.1.3）,必要时对系统误差进行修正。

表 2.1.3 各仪表内阻值

量程/mA	7.5	15	30	75	150	300	750	1.5A	3A
内阻/Ω	3.64	2.48	1.45	0.68	0.4	0.26	0.18	0.17	0.13

（2）实验用仪表是一种多量程的仪表,使用时一定要根据被测对象和数值范围正确选择量程开关,每次测量之前务必先检查量程挡是否正确。

（3）测试数据和计算结果都必须注意有效数字的选取。

六、实验报告要求

（1）实验数据及计算结果。

（2）仪表的误差修正曲线。

（3）对被检仪表的评价结论。

（4）实验效果的评价和收获。

（5）你认为在实验中存在有哪些不合理性。

实验二　伏安特性的测定

一、实验目的

（1）掌握线性电阻元件、非线性电阻元件及电源伏安特性的测量方法。

（2）学习直读式仪表和直流稳压电源等设备的使用方法。

（3）学会识别常用电路元件。

二、实验原理

电阻性元件的特性可用其端电压 U 与通过它的电流 I 之间的函数关系来表示,这种 U 与 I 的关系称为电阻的伏安特性关系。如果将这种关系表示在 U-I 平面上,则称为伏安特性曲线。

（1）线性电阻元件的伏安特性曲线是一条通过坐标原点的直线,该直线斜率的倒数就是电阻元件的电阻值,如图 2.2.1 所示。由图可知线性电阻的伏安特性对称于坐标原点,这种性质称为双向性,所有线性电阻元件都具有这种特性。

（2）电压源。能保持其端电压为恒定值且内部没有能量损失的电压源称为理想电压源。理想电压源的符号和伏安特性如图 2.2.2(a)所示。

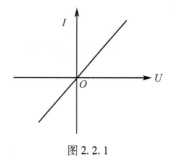

图 2.2.1

理想电压源实际上是不存在的,实际电压源总具有一定的能量损失,理想电压源可以用实际电压源与电阻串联组合作为模型,见图 2.2.2(b)。其端口的电压与电流的关系为

$$U = U_s - IR_s$$

电阻 R_s 为实际电压源的内阻,上式的关系曲线如图 2.2.2(b)所示。显然实际电压源的内阻越小,其特性越接近理想电压源。实验箱内直流稳压电源的内阻很小,当通过的电流在规定的范围内变化时,可以近似地当作理想电压源来处理。

（3）电压、电流的测量。用电压表和电流表测量电阻时,由于电压表的内阻不是无穷

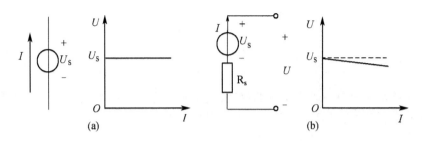

图 2.2.2

大,电流表的内阻不是零,所以会给测量结果带来一定的误差。

例如在测量图 2.2.3 中的 R 支路的电流和电压时,电压表在线路中的连接方法有两种可供选择。如图中的 1 – 1′点和 2 – 2′点,在 1 – 1′点时,电流表的读数为流过 R 的电流值,而电压表的读数不仅含有 R 上的电压降,而且含有电流表内阻上的电压降,因此电压表的读数比实际值大,当电压表在 2 – 2′处时,电压表的读数为 R 上的电压降,而电流表的读数除含有电阻 R 的电流外还含有流过电压表的电流值,因此电流表的读数较实际值大。

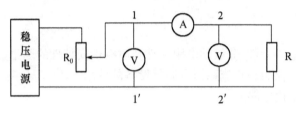

图 2.2.3

显而易见,当 R 的阻值比电流表的内阻大得多时,电压表宜接在 1 – 1′处,当电压表的内阻比 R 的阻值大得多时则电压表的测量位置应选择在 2 – 2′处。实际测量时,某一支路的电阻常常是未知的,因此,电压表的位置可以用下面的方法选定:先分别在 1 – 1′和 2 – 2′两处试一试,如果这两种接法电压表的读数差别很小,甚至无差别,即可接在 1 – 1′处。如果两种接法电流表的读数差别很小或无甚差别,则电压表接于 1 – 1′处或 2 – 2′处均可。

（4）一般的白炽灯在工作时灯丝处于高温状态,其灯丝电阻随着温度的升高而增大,通过白炽灯的电流越大,其温度越高,阻值也越大,一般灯泡的"冷电阻"与"热电阻"的阻值可相差几倍至十几倍。

（5）一般的半导体二极管是一个非线性电阻元件。其伏安特性如图 2.2.4 所示。正向压降很小(一般的锗管约为 0.2V ~ 0.3V,硅管约为 0.5V ~ 0.7V),正向电流随正向压降的升高而急剧上升;而反向电压从零伏一直增加到十多伏至几十伏时,其反向电流增加很小,可视为零。可见,二极管具有单向导电性,但反向电压加得过高,超过其极限值,则会导致二级管被击穿损坏。

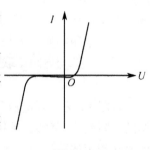

图 2.2.4

（6）稳压二极管是一种特殊半导体二极管,其正向特性与

46

普通二极管类似,但其反向特性较特别。在反向电压开始增加时,其反向电流几乎为零,但当电压增加到某一数值时(称为二极管的稳压值,有各种不同稳压值的稳压管)电流将突然增加,以后它的端电压将维持恒定,不再随外加的反向电压升高而增大。

三、实验设备

(1)电路分析实验箱一台。

(2)直流毫安表一只。

(3)数字万用表一只。

(4)恒压源 0V ~ 30V 一台。

(5)电阻、可调电阻箱、二极管等。

(6)直流数字电压表一只。

四、实验内容与步骤

1. 测定线性电阻的伏安特性

按图 2.2.5 所示接好线路,经检查无误后,接入直流稳压电源,调节输出电压依次为表 2.2.1 中所列数值,并将测量所得的对应电流值记录于表 2.2.1 中。

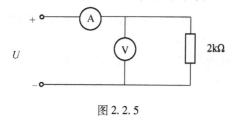

图 2.2.5

表 2.2.1

U/V	0	2	4	6	8	10
I/mA						

2. 测定理想电压源的伏安特性

实验采用直流稳压电源作为理想电压源,在其内阻和外电路电阻相比可以忽略不计的情况下,其输出电压基本维持不变,可以把直流稳压电源视为理想电压源,按图 2.2.6 所示接线,其中 $R_1 = 200\Omega$,为限流电阻,R_2 为稳压电源的负载。

接入直流稳压电源,并调节输出电压 $E = 10V$,由大到小改变电阻的阻值,使其分别等于 620Ω、510Ω、390Ω、300Ω、100Ω,将相应的电压、电流数值记入表 2.2.2 中。

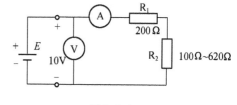

图 2.2.6

表 2.2.2

R_2/Ω	620	510	390	300	200	100
U/V						
I/mA						

3. 测定实际电压源的伏安特性

首先选取一个 51Ω 的电阻作为直流稳压电源的内阻,与稳压电源串联组成一个实际电压模型,其实验线路如图 2.2.7 所示。其中负载电阻仍然取 620Ω、510Ω、390Ω、300Ω、100Ω。实验步骤与前项相同,测量所得数据填入表 2.2.3 中。

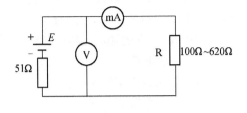

图 2.2.7

表 2.2.3

R/Ω	开路	620	510	390	300	200	100
U/V	10						
I/mA	0						

4. 测定半导体二极管的伏安特性

选用 2CK 型普通半导体二极管作为被测元件,实验线路如图 2.2.8(a)和图 2.2.8(b)所示。图中电阻 R 为限流电阻,用以保护二极管。在测二极管反向特性时,由于二极管的反向电阻很大,流过它的电流很小,电流表应选用直流微安挡。

(1)正向特性。按图 2.2.8(a)所示接线,经检查无误后开启直流稳压源,调节输出电压,使电流表读数分别为表 2.2.4 中的数值,对于每一个电流值测量出对应的电压值,记入表 2.2.4 中,为了便于作图,在曲线的弯曲部位可适当多取几个点。

表 2.2.4

I/mA	0	10^{-3}	10^{-2}	0.1	1	3	10	20	30	40	50	90	150	
U/V														

(2)反向特性。按图 2.2.8(b)所示接线,经检查无误后接入直流稳压电源,调节输出电压为表 2.2.5 中所列数值,并将测量所得相应的电流值记入表 2.2.5 中。

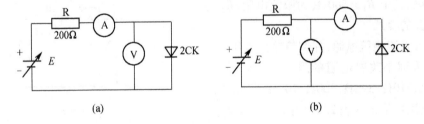

(a) (b)

图 2.2.8

表 2.2.5

U/V	0	5	10	15	20
I/μA					

5. 测定非线性白炽灯泡的伏安特性

将图 2.2.9 中的 R_L 换成一只 6.3V 的灯泡,重复实验内容 2。将所测数据记入表 2.2.6 中。

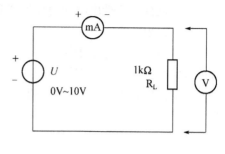

图 2.2.9

表 2.2.6

U/V	0	2	4	6	8	10
I/mA						

6. 测定稳压二极管的伏安特性

将图 2.2.10 中的二极管 1N4007 换成稳压二极管 2CW51(最大电流为 20mA),重复实验内容 4。将所测数据记入表 2.2.7 和表 2.2.8 中。

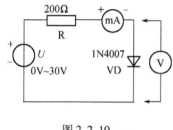

图 2.2.10

表 2.2.7　正向特性实验数据

U/V	0	0.2	0.4	0.45	0.5	0.55	0.60	0.65	0.70	0.75

表 2.2.8　反向特性实验数据

U/V	0	-1.5	-2	-2.5	-2.8	-3	-3.2	-3.5	-4
I/mA									

五、实验注意事项

(1)有一个线性电阻 $R = 200\Omega$,用电压表、电流表测电阻 R,已知电压表内阻 $R_V = 10\text{k}\Omega$,电流表内阻 $R_A = 0.2\Omega$,问电压表与电流表怎样接法其误差较小?

(2)线性电阻与非线性电阻的概念是什么?电阻器与二极管的伏安特性有何区别?

(3)设某器件伏安特性曲线的函数式为 $I = f(V)$,试问在逐点绘制曲线时,其坐标变量应如何放置?

(4)稳压二极管与普通二极管有何区别,其用途如何?

六、实验报告要求

(1)画出测量电路图。

(2)根据各实验结果数据,分别在方格纸上绘制出光滑的伏安特性曲线(其中二极管和稳压管的正、反向特性均要求画在同一张图中,正、反向电压可取为不同的比例尺)。

(3)根据实验结果,总结、归纳被测各元件的特性。

(4)必要的误差分析。

(5)心得体会及其他内容。

实验三　叠加定理

一、实验目的

(1)验证叠加定理。

(2)正确使用直流稳压电源和万用表。

（3）加深对线性电路的叠加性和齐次性的认识和理解。

二、实验原理

叠加原理不仅适用于线性直流电路,也适用于线性交流电路,为了测量方便,我们用直流电路来验证它。叠加原理可简述如下。

在线性电路中,任一支路中的电流(或电压)等于电路中各个独立源分别单独作用时在该支路中产生的电流(或电压)的代数和。所谓一个电源单独作用是指除了该电源外将其他所有电源的作用都去掉,即理想电压源所在处用短路代替,理想电流源处用开路代替,但保留它们的内阻,电路结构也不做改变。

由于功率是电压或电流的二次函数,因此叠加定理不能用来直接计算功率。例如在图 2.3.1 中,有

$$I_1 = I'_1 + I''_1$$

$$I_2 = I'_2 + I''_2$$

$$I_3 = I'_3 + I''_3$$

显然

$$P_{R1} \neq I'^2_1 R_1 + I''^2_1 R_1$$

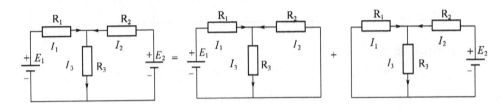

图 2.3.1

线性电路的齐次性是指当激励信号(某独立源的值)增加 K 倍或减少为 $1/K$ 时,电路的响应(即在电路其他各电阻元件上所建立的电流和电压值)也将增加 K 倍或减小为 $1/K$。

三、实验设备

（1）电路分析实验箱一台。

（2）直流毫安表两只。

（3）数字万用表一台。

（4）直流电压表一台。

（5）恒压源(6V,12V,0V～30V)。

四、实验内容与步骤

实验线路如图 2.3.2 所示

（1）E_1 为 +6V、+12V 切换电源,取 E_1 为 +12V;E_2 为可调直流稳压电源,调至 +6V。

（2）令 E_1 电源单独作用时(将开关 K_1 投向 E_1 侧,开关 K_2 投向短路侧),用直流电压表和毫安表(接电流插头)测量各支路电流及各电阻元件两端的电压,数据记入表2.3.1 中。

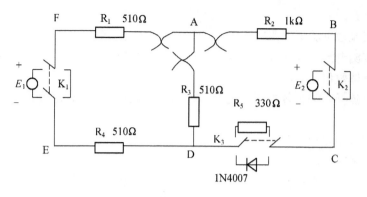

图 2.3.2

表 2.3.1

测量项目 实验内容	E_1/V	E_2/V	I_1/mA	I_2/mA	I_3/mA	U_{AB}/V	U_{CD}/V	U_{AD}/V	U_{DE}/V	U_{FA}/V
E_1 单独作用										
E_2 单独作用										
E_1,E_2 共同作用										
$2E_2$ 单独作用										

（3）令 E_2 电源单独作用时（将开关 K_1 投向短路侧,开关 K_2 投向 E_2 侧）,重复实验步骤（2）的测量和记录。

（4）令 E_1 和 E_2 共同作用时（开关 K_1 和 K_2 分别投向 E_1 和 E_2 侧）,重复上述的测量和记录。

（5）将 E_2 的数值调至 +12V,重复上述 3 项的测量并记录。

（6）将 R_5 换成一只二极管 1N4007（即将开关 K_3 投向二极管 D 侧）,重复（1）～（5）的测量过程,数据记入表 2.3.2 中。

表 2.3.2

测量项目 实验内容	E_1/V	E_2/V	I_1/mA	I_2/mA	I_3/mA	U_{AB}/V	U_{CD}/V	U_{AD}/V	U_{DE}/V	U_{FA}/V
E_1 单独作用										
E_2 单独作用										
E_1,E_2 共同作用										
$2E_2$ 单独作用										

五、实验注意事项

（1）叠加原理中 E_1, E_2 分别单独作用,在实验中应如何操作? 可否直接将不作用的电源（E_1 或 E_2）置零（短接）?

（2）实验电路中,若有一个电阻器改为二极管,试问叠加原理的叠加性与齐次性还成立吗？为什么？

（3）用实验数据验证支路的电流是否符合叠加原理，并对实验误差进行适当分析。

（4）用实测电流值、电阻值计算电阻 R_3 所消耗的功率为多少？能否直接用叠加原理计算？试用具体数值说明。

（5）用电流插头测量各支路电流时，应注意仪表的极性及数据表格中"＋"、"－"号的记录。

（6）注意仪表量程的及时更换。

六、实验报告要求

（1）根据实验数据表格进行分析、比较、归纳、总结实验结论，即验证线性电路的叠加性与齐次性。

（2）各电阻器所消耗的功率能否用叠加原理计算得出？试用上述实验数据，进行计算并做出结论。

（3）通过实验步骤（6）及分析数据表格2.3.3，你能得出什么样的结论？

（4）心得体会及其他内容。

实验四　戴维宁定理

一、实验目的

（1）验证戴维宁定理。

（2）测定线性有源一端口网络的外特性和戴维宁等效电路的外特性。

（3）掌握测量有源二端等效参数的一般定理。

二、实验原理

戴维宁定理指出：任何一个线性有源一端口网络对于外电路而言，总可以用一个理想电压源和电阻的串联形式来代替，理想电压源的电压等于原一端口的开路电压 U_{OC}，其电阻（又称等效电阻）等于网络中所有独立源置零时的入端等效电阻 R_{eq}，如图2.4.1所示。

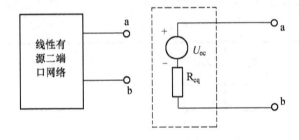

图 2.4.1

1. 开路电压的测量方法

方法一：直接测量法。当有源二端网络的等效电阻 R_{eq} 与电压表的内阻 R_V 相比可以忽略不计时，可以直接用电压表测量开路电压。

方法二：补偿法。其测量电路如图2.4.2所示，E 为高精度的标准电压源，R 为标准分压电阻箱，G 为高灵敏度的检流计。调节电阻箱的分压比，c、d 两端的电压随之改变，当 $U_{cd} = U_{ab}$ 时，流过检流计 G 的电流为零，因此

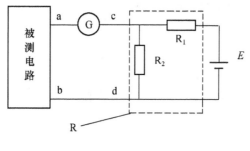

图 2.4.2

$$U_{ab} = U_{cd} = \frac{R_2}{R_1 + R_2}E = KE$$

式中:$K = \dfrac{R_2}{R_1 + R_2}$为电阻箱的分压比。

根据标准电压 E 和分压比 K 就可求得开路电压 U_{ab},因为电路平衡时 $I_G = 0$,不消耗电能,所以此法测量精度较高。

2. 等效电阻 R_{eq} 的测量方法

对于已知的线性有源一端口网络,其入端等效电阻 R_{eq} 可以从原网络计算得出,也可以通过实验测出,下面介绍几种测量方法。

方法一:将有源二端网络中的独立源都置零,在 a、b 端外加一已知电压 U,测量一端口的总电流 $I_{总}$,则等效电阻 $R_{eq} = \dfrac{U}{I_{总}}$。

实际的电压源和电流源都具有一定的内阻,它并不能与电源本身分开,因此在去掉电源的同时,也把电源的内阻去掉了,无法将电源内阻保留下来,这将影响测量精度,因而这种方法只适用于电压源内阻小和电流源内阻较大的情况。

方法二:测量 a、b 端的开路电压 U_{oc} 及短路电流 I_{sc} 则等效电阻

$$R_{eq} = \frac{U_{oc}}{I_{sc}}$$

这种方法适用于 a、b 端等效电阻 R_{eq} 较大,而短路电流不超过额定值的情形,否则有损坏电源的危险。

方法三:两次电压测量法。测量电路如图 2.4.3 所示,第一次测量 a、b 端的开路 U_{oc},第二次在 a、b 端接一已知电阻 R_L(负载电阻),测量此时 a、b 端的负载电压 U,则 a、b 端的等效电阻 R_{eq} 为

$$R_{eq} = \left(\frac{U_{oc}}{U} - 1\right)R_L$$

第三种方法克服了第一和第二种方法的缺点和局限性,在实际测量中常被采用。

3. 戴维宁等效电路

如果用电压等于开路电压 U_{oc} 的理想电压与等效电阻 R_{eq} 相串联的电路(称为戴维宁等效电路),参见图 2.4.4 来代替原有源二端网络,则它的外特性 $U = f(I)$ 应与有源二端网络的外特性完全相同。实验原理电路如图 2.4.5 所示。

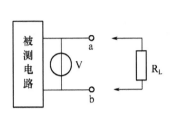

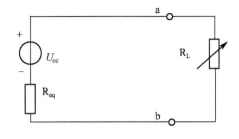

图 2.4.3   图 2.4.4

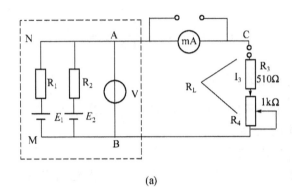

(a)

(b)

图 2.4.5

三、实验设备

（1）电路分析实验箱一台。

（2）直流毫安表一只。

（3）数字万用表一台。

（4）电压表、电流表各一台。

四、实验内容与步骤

1. 内容一

1）用戴维宁定理求支路电流

测定有源二端网络的开路电压 U_{oc} 和等效电阻 R_{eq}。

按图 2.4.5（a）接线，经检查无误后，采用直接测量法测定有源二端网络的开路电压 U_{oc}。电压表内阻应大于二端网络的等效电阻 R_{eq}。

54

用两种方法测定有源二端网络的等效电阻 R_{eq}。

（1）采用原理中介绍的方法二测量。首先利用上面测得的开路电压 U_{oc} 和预习中计算出的 R_{eq} 估算网络的短路电流 I_{sc} 大小，在 I_{sc} 值不超过直流稳压电源电流的额定值和毫安表的最大量程的情况下可直接测出短路电流，并将此短路电流 I_{sc} 数据记入表格2.4.1 中。

（2）采用原理中介绍的方法三测量。接通负载电阻 R_L 调节电位器 R_4，使 $R_L = 1k\Omega$，使毫安表短接，测出此时的负载端电压 U，记入表格2.4.1 中。

表 2.4.1

项目	U_{oc}/V	U/V	I_{sc}/mA	R_{eq}/Ω
数值				

取这两次测量的平均值为 R_{eq}（I_3 的计算在实验报告中完成）。

2）测定有源二端网络的外特性

调节电位器 R_4 即改变电阻 R_L，在不同的负载的情况下，测量相应的负载端电压和流过负载的电流，共取5个点将数据记入自拟的表格中。测量时注意，为了避免电表内阻的影响，测量电压 U 时，应将接在 A、C 间的毫安表短路，测量电流 I 时，将电压表从 A、B 端拆除。若采用万用表进行测量，要特别注意换挡。

3）测定戴维宁等效电路的外特性

将另一路直流稳压电源的输出电压调节到等于实测的开路电压 U_{oc} 值，以此作为理想电压源，调节电位器 R_6，使 $R_5 + R_6 = R_{eq}$，并保持不变，并以此作为等效内阻，将两者串联起来组成戴维宁等效电路。按图 2.4.5(b) 接线，经检查无误后重复上述步骤，测出负载电压和负载电流，并将数据记入自拟的表格中。

2. 内容二

被测有源二端网络如图 2.4.6(a) 所示。

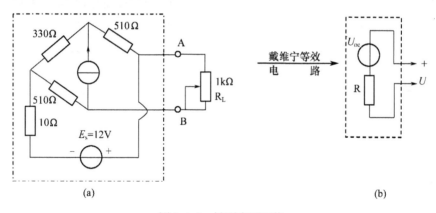

(a)   (b)

图 2.4.6　被测有源网络

（1）图 2.4.6(a) 所示线路接入稳压源 E_s 为 12V 和恒流源 I_s 为 20mA 及可变电阻 R_L 测 U_{AB} 及 U_{OC}，再短接 R_L 测 I_{SC}，则 $R_0 = U_{OC}/I_{SC}$，填入表 2.4.2 中。

表 2.4.2

U_{OC}/V	I_{SC}/A	$R_0 = U_{OC}/I_{SC}$

（2）负载实验。按图 2.4.6(a)所示改变 R_L 阻值，测量有源二端网络的外特性。将数据记入表2.4.3 中。

表 2.4.3

R_L/Ω	990	900	800	700	600	500	400	300	200	100
U/V										
I/mA										

（3）验证戴维宁定理：用 $1k\Omega$（当可变电阻用），将其阻值调整到等于按步骤（1）所得的等效电阻 R_0 值，然后令其与直流稳压电源（调到步骤（1）时所测得的开路电压 U_{OC} 之值）相串联，如图 2.4.6(b)所示，仿照步骤（2）测其特性，对戴氏定理进行验证。将数据记入表 2.4.4 中。

表 2.4.4

R_L/Ω	990	900	800	700	600	500	400	300	200	100
U/V										
I/mA										

（4）测定有源二端网络等效电阻（又称端电阻）的其他方法。将被测有源网络内的所有独立源置零（将电流源 I_s 去掉，也去掉电压源，并在原电压端所接的两点用一根短路导线相连），然后用伏安法或者直接用万用表的欧姆挡区测定负载 R_L 开路后 A、B 两点间的电阻，此即为被测网络的等效内阻 R_{eq} 或称网络的入端电阻 R_1。将数据记入表2.4.5 中。

表 2.4.5

R_{eq}/Ω

五、实验注意事项

（1）测量时注意电压表量程的变换。

（2）实验步骤（4）中，电源置零时不可将稳压源短接。

（3）用万用表直接测量 R_{eq} 时，网络内的独立源必须先置零，以免损坏万用表，其次，欧姆挡必须经调零后再进行测量。

（4）改线接线时，要关掉电源。

六、实验报告要求

（1）应用戴维宁定理，根据实验数据计算 R_3 支路的电流 I_3，并与计算值进行比较。

（2）在同一坐标纸上绘出两种情况下的外特性曲线，并做适当分析。判断戴维宁定理的正确性。

56

实验五　交流参数的测定

一、实验目的

（1）进一步熟练掌握功率表的使用方法。

（2）掌握用电压表、电流表和功率表测定元件参数的方法。

二、实验原理

（1）交流电路中常用的实际无源元件有电阻器、电感器和电容器。在工频情况下，常需要测定电阻器的电阻参数，电容器的电容参数和电感器的电感参数、电阻参数。

（2）测量交流电路元件参数的方法主要分为两类。一类是应用电压表、电流表和功率表等测量有关的电压、电流和功率，根据测得的电路量计算出待测电路参数，属于仪表间接测量法。另一类是应用专用仪表如各种类型的电桥直接测量电阻、电感和电容等。本实验采用仪表间接测量法。

（3）三表法（电压表、电流表和功率表）是间接测量交流参数方法中最常见一种。由电路理论可知，一端口网络电压 U、端口电流 I 及其有功功率 P 有以下关系。

$$|z| = \frac{U}{I} \qquad R = \frac{P}{I^2} \qquad (2.5.1)$$

$$X = \pm \sqrt{|Z|^2 - R^2} \qquad (2.5.2)$$

$$X = \frac{X}{\omega} \qquad (X > 0) \qquad (2.5.3)$$

$$C = -\frac{1}{X\omega} \qquad (X < 0) \qquad (2.5.4)$$

三表法测定交流参数的电路如图2.5.1所示。当被测元件分别是电阻器、电感器和电容器时，根据三表测得的元件电压、电流和功率，应用以上有关的公式，即可算的对应的电阻参数、电感参数和电容参数。

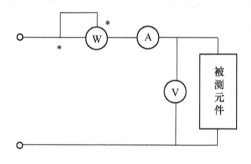

图2.5.1　三表法测量电路

以上所述交流参数的计算公式是在忽略测量仪表内阻抗的前提下推导出来的。若考虑测量仪表内阻抗，需对以上公式加以修正。修正后的参数为

$$\begin{cases} R' = R - R_1 = \dfrac{P}{I'^2} - R_1 \\ X' = \pm \sqrt{|Z|^2 - R'^2} \end{cases} \qquad (2.5.5)$$

式中:R 为修正前根据测量计算得出的电阻值;R_1 为电流表线圈及功率电流线圈的总电阻值。

（4）如果被测对象不是一个元件,而是一个未知是容性还是感性的无源一端口网络,只根据三表测得的端口电压、端口电流和该网络所吸收的有功功率,不能确定式(2.5.2)的正负号,即不能确定网络的等效复阻抗是容性还是感性。因此,也不能确定是根据式(2.5.3)求其等效电感,还是根据式(2.5.4)求其等效电容。

判断被测复阻抗性质可采用以下几种方法。

① 示波器法:应用示波器观察被测无源一端口网络的端口电压及电流的波形,比较其相位差。电流超前的为容性复阻抗,电压超前的为感性复阻抗。

用示波器观测电流波形,可通过观测流过该电流的电阻上的电压来实现。当被测一端口网络不存在流有端口电流的支路时,需在电路中串连一个小电阻。通过示波器双路同时观测小电阻的端电压(同端口电流波形)与端口电压波形,比较两个波形的相位关系,当端口电压波形超前电流波形时(即小电阻电压波形),对应的一端口网络为感性电路;当端口电压波形滞后电流波形时,对应的一端口网络为容性电路。必须注意用示波器同时观测两路波形时,应注意两路信号的共地问题,参见图 2.5.2。

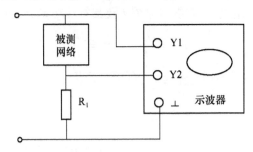

图 2.5.2 示波器双路观测端口电压和端口电流波形

② 与被测网络串联电容法:首先记录串联电容前的电压、电流和功率,按式(2.5.2)计算其电抗 $|X|$,把电容值为 C' 的电容器与被测阻抗串联,其中 C' 值的选择应满足 $C' > 1/2(\omega|X|)$。在保证测量电压不变的情况下测量电流,如果串联电容后电流增加,被测阻抗是感性,否则是容性。

三、实验设备

（1）交流电压表、交流毫安表、功率表各一块。

（2）被测电阻器、电感器和电容器。

（3）标准电阻箱、电容箱各一个。

（4）示波器一台。

（5）工频电源。

四、实验内容与步骤

（1）三表法分别测互感器的 1 – 2 端、3 – 4 端等效参数和电容器参数,参考图 2.5.1 连接测量线路。其中被测元件分别为互感器 1 – 2 端、3 – 4 端和电容器。接线时应注意,功率表电压线圈的"＊"端应与电流线圈的"＊"端相连接后接至电源,电流线圈与被测元件串联,电压线圈与被测元件并联。测量过程中,要注意电压表、电流表和功率表的量程的正确选择。

记录三表的测量值及对应量程的仪表内阻,分别计算忽略仪表内阻抗和计及仪表内阻抗时电感器的电阻和电感、电容器的电容,分别填入表 2.5.1 中。

表 2.5.1　三表法测量交流参数的记录

记录测量＼被测元件		互感 1－2 端	互感 3－4 端	电容器	互感 3－4 端 与电容串联	互感 3－4 端 与电容并联
电流表内阻抗	量程/mA					
	电阻/Ω					
功率表内阻抗	电压量程/V					
	电流量程/A					
	电阻/Ω					
测量值	U/V					
	I/mA					
	P/W					
计算值(忽略仪表内阻抗)	$\lvert Z \rvert$/Ω					
	R/Ω					
	L/mH					
	C/μF					
计算值(计及仪表内阻抗)	R/Ω					
	L/mH					
	C/μF					

（2）用三表法测定一端口网络的等效参数。分别将互感器 3－4 电容器串联、并联组成不同的一端口网络,作为被测元件。参考对电感器和电容器的测量,采用串联电容法,判定所构成的一端口网络在工频情况下的电抗性质。分别计算忽略仪表内阻抗和计及仪表内阻抗的电阻和电抗。

应用示波器观察被测一端口端电压与端电流波形相位的关系,验证以上对网络性质判断的正误。

记录测量数据和计算结果,并填入表中。

计算被测一端口网络的等效电感或等效电容。

五、实验报告要求

（1）画出各种测量方法的实际线路。

（2）完成表 2.5.1 要求的各项计算,并对实验测试的结果进行比较分析。

（3）按实验内容与步骤（2）求取电感器与电容器串联网络的等效参数值,以此绘出阻抗三角形和电压、电流相量图。

实验六 功率测量及功率因数的提高

一、实验目的

（1）研究正弦稳态交流电路中电压、电流相量之间的关系。

（2）掌握 RC 串联电路的向量轨迹及其作为移相器的应用。

（3）掌握日光灯线路的连接。

（4）理解改善电路功率因数的意义并掌握其方法。

二、实验原理

（1）在单相正弦交流电路中，用交流电流表测得各支路中的电流值，用交流电压表测得回路各元件两端的电压值，它们之间的关系满足相量形式的基尔霍夫定律，即

和
$$\begin{cases} \sum \dot{I} = 0 \\ \sum \dot{U} = 0 \end{cases}$$

（2）如图 2.6.1 所示的是 RC 串联电路，在正弦稳态信号 $\dot{U}$ 的激励下，$\dot{U}_R$ 与 $\dot{U}_C$ 保持有 90°的相位差，即当阻值 R 改变时，$\dot{U}_R$ 的相量轨迹是一个半圆，$\dot{U}$、$\dot{U}_C$ 与 $\dot{U}_R$ 三者形成一个直角形的电压三角形。R 值改变时，可改变 ϕ 角的大小，从而达到移相的目的。

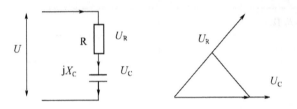

图 2.6.1

（3）日光灯线路如图 2.6.2 所示，图中 A 是日光灯管，L 是镇流器，S 是启辉器，C 是补偿电容器，用以改变电路的功率因数（$\cos\phi$ 值）。有关日光灯的工作原理可自行翻阅有关资料。

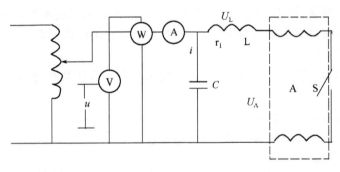

图 2.6.2

三、实验设备

（1）交流电压、电流、功率、功率因素表。

（2）三相调压输出。

（3）30W 镇流器,400V/4μF 电容器,电流插头。

（4）30W 日光灯(左面板上侧)。

（5）40W 220V 白炽灯。

四、实验内容及步骤

（1）用两只 40W220V 的白炽灯泡和 30W 的日光灯电容器组成如图 2.6.2 所示的实验电路,按下闭合 S 开关调节调压器至 220V,验证电压三角形关系(见表 2.6.1)。

表 2.6.1

测 量 值			计 算 值		
U/V	U_R/V	U_C/V	$U(U_R,U_C$ 组成 $Rt\triangle)$	$\triangle U$	$\triangle U/U$

（2）日光灯线路接线与测量。按图 2.6.2 组成线路,经指导教师检验后按下闭合按钮开关,调节自耦调压器的输出,使其输出电压缓慢增大,直到日光灯刚启辉点亮为止,记下三个表的指示值。然后将电压调至 220V,测量功率 P,电流 I,电压 U、U_L、U_A 等值,验证电压、电流相量关系(见表 2.6.2)。

表 2.6.2

测 量 数 值						计 算 值
	P/W	I/A	U/V	U_L/V	U_A/V	$\cos\phi$	r/Ω
启辉值							
正常工作值							

（3）并联电路电路功率因数的改善。按图 2.6.3 组成实验线路。经指导老师检查后,按下绿色按钮开关调节自耦调压器的输出至 220V,记录功率表、电压表读数,通过一只电流表和三个电流取样插座分别测得三条支路的电流,改变电容值,进行 6 次重复测量(表 2.6.3)。

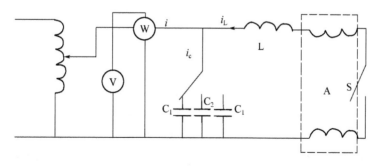

图 2.6.3

表 2.6.3

电容值	测 量 数 值					
（μF）	P/W	U/V	I/A	I_C/A	I_L/A	$\cos\phi$

五、实验注意事项

（1）功率表要正确接入电路,读数时要注意量程和实际读数的折算关系。

（2）线路接线正确,日光灯不能启辉时应检查启辉器及接触是否良好。

六、实验报告要求

（1）完成数据表格中的计算,进行必要的误差分析。

（2）根据实验数据,分别绘出电压、电流相量图,验证相量形式的基尔霍夫定律。

（3）讨论改善电路功率因数的意义和方法。

（4）装接日光灯线路的心得体会及其他内容。

实验七　RC 选频网络特性测试

一、实验目的

（1）熟悉文氏电桥电路的结构特点及其应用。

（2）学会用交流毫伏表和示波器测定文氏电桥电路的幅频特性和相频特性。

（3）了解 RC 串、并联电路的带通特性及 RC 双 T 电路的带阻特性。

二、实验原理

文氏电桥电路是一个 RC 的串、并联电路,如图 2.7.1 所示,该电路结构简单,被广泛应用于低频振荡电路中作为选频环节,可以获得高纯度的正弦波电压。在输入端输入幅值恒定的正弦电压 $\dot{U}_i$,在输出端得到输出电压 $\dot{U}_o$,分别表示为:$\dot{U}_i = U_i < \varphi_i$,$\dot{U}_o = U_o < \varphi_o$。

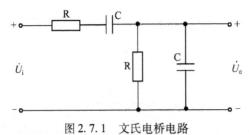

图 2.7.1　文氏电桥电路

当正弦电压 $\dot{U}_i$ 的频率变化时,$\dot{U}_o$ 的变化可以从两方面来看。在频率较低的情况下,即当 $\dfrac{1}{\omega C} \gg R$ 时,图2.7.1可以近似成图2.7.2所示的低频等效电路。ω 越低,$\dot{U}_o$ 的幅值

越低,其相位越超前于 $\dot{U}_i$;当 ω 趋近于 0 时, $|\dot{U}_o|$ 趋近于 0, $\varphi_o - \varphi_i$ 接近 $+90°$。而当频率较高时,即当 $\frac{1}{\omega C} \ll R$ 时,图 2.7.1 可以近似成如图 2.7.3 所示的高频等效电路。ω 越高, $\dot{U}_o$ 的幅值越小,其相位越滞后于 $\dot{U}_i$,当 ω 趋近于 ∞ 时, $|\dot{U}_o|$ 趋近于 0, $\varphi_o - \varphi_i$ 接近 $-90°$。由此可见,当频率为某一中间值 f_0 时, $\dot{U}_o$ 不为零,且 $\dot{U}_o$ 与 $\dot{U}_i$ 同相。

图 2.7.2 　　　　　　　　　　　　　　图 2.7.3

由电路分析可知,该网络的传递函数 $A(j\omega) = |A(j\omega)| < \varphi$ 为

$$A(j\omega) = \frac{1}{3 + j(\omega RC - 1/\omega RC)}$$

其中幅频特性为

$$A(\omega) = \frac{U_o}{U_i} = \frac{1}{\sqrt{3^2 + (\omega RC - 1/\omega RC)^2}}$$

相频特性为

$$\varphi(\omega) = \varphi_0 - \varphi_i = -\arctan \frac{\omega RC - 1/\omega RC}{3}$$

它们的特性曲线如图 2.7.4 所示。

当角频率 $\omega = \frac{1}{RC}$ 时, $A(\omega) = 1/3$, $\varphi(\omega) = 0°$, $\dot{U}_o$ 与 $\dot{U}_i$ 同相,即电路发生谐振,谐振频率为 $f_0 = \frac{1}{2\pi RC}$。也就是说,当信号频率为 f_0 时,RC 串、并联电路的输出电压 $\dot{U}_o$ 与输入电压 $\dot{U}_i$ 同相,其大小是输入电压的 1/3,RC 串、并联电路具有带通特性,这一特性称为 RC 串、并联电路的选频特性。

测量频率特性一般采用逐点描绘法。测量幅频特性时保持信号源输出电压(即 RC 网络输入电压) $\dot{U}_i$ 恒定,改变频率 f,用交流毫伏表监视 $\dot{U}_i$,并测量对应的 RC 网络输出电压 $\dot{U}_o$,计算出它们的比值,然后逐点描绘出幅频特性;测量相频特性时保持信号源输出电压(即 RC 网络输入电压) $\dot{U}_i$ 恒定,改变频率 f,用交流毫伏表监视 $\dot{U}_i$,用双踪示波器观察 u_o 与 u_i 波形,若两个波形的延时为

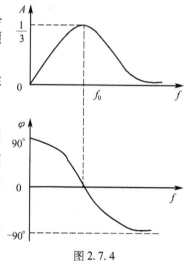

图 2.7.4

63

Δt,信号周期为 T,则它们的相位差 $\varphi = \dfrac{\Delta t}{T} \times 360° = \varphi_\circ - \varphi_i$(输出相位与输入相位之差),将各个不同频率下的相位差画在以 f 为横轴、φ 为纵轴的坐标纸上,用光滑的曲线将这些点连接起来,即是被测电路的相频特性曲线。

用同样的方法可以测量 RC 双 T 电路的幅频特性,RC 双 T 电路结构如图 2.7.5 所示,其幅频特性(图 2.7.6)具有带阻特性,正好与 RC 串、并联电路相反。当 $f = f_0$ 时,输出电压为零,因此可以滤去频率为 f_0 的谐波。f_0 称为该网络的"截止频率"。

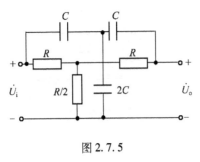

图 2.7.5

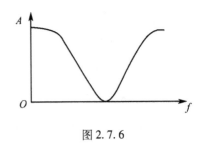

图 2.7.6

三、实验设备

(1) 信号发生器一台。

(2) 交流毫伏表一台。

(3) 双踪示波器一台。

(4) 电阻、电感、电容元件。

四、实验内容与步骤

1. 测量 RC 串、并联电路的幅频特性

(1) 按图 2.7.1 电路选择 $R = 2\text{k}\Omega$,$C = 0.22\mu\text{F}$。

(2) 调节低频信号源的输出电压为 2V 的正弦波,接入图 2.7.1 所示的输入端。

(3) 改变信号源的频率 f(由频率计读得)。保持 $U_i = 2\text{V}$ 不变,测量输出电压 $U_\circ$(可先测量 $A = \dfrac{1}{3}$ 时的频率 f_0,然后再在 f_0 左右设置其他频率点,测量 $U_\circ$)。

(4) 另选一组参数($R = 200\Omega$,$C = 2\mu\text{F}$),重复测量一组数据。将实验数据记入表 2.7.1。

表 2.7.1　幅频特性数据

f/Hz								
$U_\circ$/V	$R = 2\text{k}\Omega$,$C = 0.22\mu\text{F}$							
	$R = 200\Omega$,$C = 2\mu\text{F}$							

2. 测定 RC 串、并联电路的相频特性

按照实验原理介绍的方法步骤,选定两组电路参数进行测量。将实验数据记入表 2.7.2。

表 2.7.2

f/Hz									
T/ms									
$R=2\text{k}\Omega, C=0.22\mu\text{F}$	Δt/ms								
	φ								
$R=200\Omega, C=2\mu\text{F}$	Δt/ms								
	φ								

3. 测定 RC 双 T 电路的幅频特性及相频特性

实验电路如图 2.7.5 所示,实验步骤同前,将实验数据记入自拟的数据表格中。

五、实验注意事项

由于低频信号源内阻的影响,注意在调节输出电压频率时应同时调节输出电压大小,使实验电路的输入电压保持不变。

六、预习思考题

（1）根据电路参数,估算 RC 串、并联电路两组参数时的谐振频率。

（2）推导 RC 串、并联电路的幅频、相频特性的数学表达式。

（3）什么是 RC 串、并联电路的选频特性?当频率等于谐振频率时,电路的输出、输入有何关系?

（4）试定性分析 RC 双 T 电路的幅频特性。

七、实验报告要求

（1）根据表 2.7.1 和表 2.7.2 中的实验数据,绘制 RC 串、并联电路的两组幅频特性和相频特性曲线,找出谐振频率和幅频特性的最大值,并与理论计算值比较。

（2）根据实验步骤 3 所得实验数据,绘制 RC 双 T 电路的幅频特性,并说明幅频特性的特点。

实验八　R、L、C 串联谐振电路的研究

一、实验目的

（1）加深理解电路发生谐振的条件、特点,掌握电路品质因数（电路 Q 值）、通频带的物理意义及其测定方法。

（2）学习用实验方法绘制 R、L、C 串联电路不同 Q 值下的幅频特性曲线。

（3）熟悉信号源、频率计和交流毫伏表的使用方法。

二、实验原理

在图 2.8.1 所示的 R、L、C 串联电路中,电路复阻抗 $Z = R + j(\omega L - 1/\omega C)$,当 $\omega L = 1/\omega C$ 时,$Z = R$,$\dot{U}$ 与 $\dot{I}$ 同相,电路发生串联谐振,谐振角频率 $\omega_0 = 1/\sqrt{LC}$,谐振频率 $f_0 = \dfrac{1}{2\pi \sqrt{LC}}$。

若 $\dot{U}$ 为激励信号,$\dot{U}_R$ 为响应信号,则其幅频特性曲线如图 2.8.2 所示,在 $f = f_0$ 时,$A = 1$,$U_R = U$;在 $f \neq f_0$ 时,$U_R < U$,呈带通特性。$A = 0.707$,即 $U_R = 0.707U$ 所对应的两个

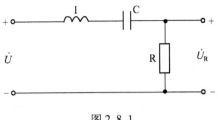

图 2.8.1

频率 f_L 和 f_h 为下限频率和上限频率，$f_h - f_L$ 为通频带。通频带的宽窄与电阻 R 有关，不同电阻值的幅频特性曲线如图 2.8.3 所示。

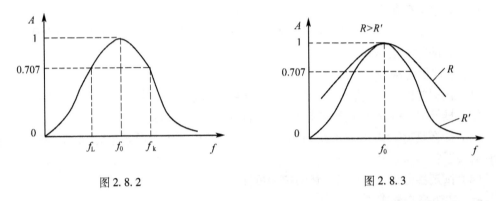

图 2.8.2   图 2.8.3

电路发生串联谐振时，$U_R = U$，$U_L = U_C = QU$，Q 称为品质因数，与电路的参数 R、L、C 有关。Q 值越大，幅频特性曲线越尖锐，通频带越窄，电路的选择性越好，在恒压源供电时，电路的品质因数、选择性与通频带取决于电路本身的参数，而与信号源无关。在本实验中，用交流毫伏表测量不同频率下的电压 U、U_R、U_L、U_C，绘制 R、L、C 串联电路的幅频特性曲线，并根据 $\Delta f = f_h - f_L$ 计算出通频带，根据 $Q = U_L / U = U_C / U$ 或 $Q = f_0 / (f_n - f_L)$ 计算出品质因数。

三、实验设备

（1）信号源（含频率计）一台。

（2）交流毫伏表一台。

（3）电阻、电感、电容元件。

四、实验内容与步骤

（1）按图 2.8.4 所示组成监视、测量电路，用交流毫伏表测量电压，用示波器监视信号源输出，令其输出幅值等于 1V，并保持不变。

（2）测量电路的谐振频率 f_0，$L = 9\mathrm{mH}$，$C = 0.033\mu\mathrm{F}$ 其方法是，将交流毫伏表接在 R(51Ω) 两端，令信号源的频率由小逐渐变大（注意要维持信号源的输出幅度不变），当 U_R 的读数为最大时，读得频率计上的频率值即为电路的谐振频率 f_0，并测量 U_L 和 U_C 的值（注意及时更换毫伏表的量程）。

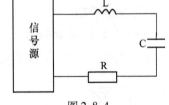

图 2.8.4

（3）在谐振点两侧，按频率递增或递减 500Hz 或 1kHz，依次各取 8 个测量点，逐点测出 U_R、U_L 和 U_C 值，记入表 2.8.1。

66

表 2.8.1

f/kHz											
U_R/V											
U_L/V											
U_C/V											

（4）改变电阻值（R 为 100Ω），重复步骤（2）、（3）的测量过程，将测量数据记入表 2.8.2。

表 2.8.2

f/kHz											
U_R/V											
U_L/V											
U_C/V											

五、实验注意事项

（1）测试频率点的选择应在靠近谐振频率附近多取几点，在改变频率时，应调整信号输出电压，使其维持在 1V 不变。

（2）测量时毫伏表的"＋"端接在电感与电容的公共点。

六、预习思考题

（1）改变电路的哪些参数可以使电路发生谐振？电路中 R 的数值是否影响谐振频率？

（2）如何判别电路是否发生谐振？测试谐振点的方案有哪些？

（3）电路发生串联谐振时，为什么输入电压 U 不能太大，如果信号源给出 1V 的电压，电路谐振时，用交流毫伏表测 U_L 和 U_C，应该选择用多大的量限？为什么？

（4）要提高 R、L、C 串联电路的品质因数，电路参数应如何改变？

（5）电路谐振时，比较输出电压 U_R 与输入电压 U 是否相等？U_L 和 U_C 是否相等？分析原因。

实验九　三相电路连接和功率测量

一、实验目的

（1）了解三相电源电压的基本关系。

（2）掌握三相负载做星形连接、三角形连接的方法，并验证星形连接时相电压与线电压的关系及三角形连接时相电流与线电流的关系。

（3）充分理解三相四线制供电系统中中线的作用。

（4）掌握一瓦特表法、二瓦特表法测量三相电路功率的原理，进一步熟悉功率表的接线和使用方法。

二、实验原理

（1）在三相电路中，三相负载可以接成星形（Y）连接方式或三角形（△）连接方式。

当三相对称负载做 Y 连接时,线电压的有效值 U_L 是相电压有效值 U_p 的 $\sqrt{3}$ 倍,线电流等于相电流,即 $U_L = \sqrt{3}U_p$,$I_1 = I_p$,此时流过中线的电流为零,所以可以省去中线。

当对称三相负载做 △ 连接时,线电压等于相电压,线电流的有效值 I_1 是相电流有效值 I_p 的 $\sqrt{3}$ 倍,即 $U_1 = U_p$,$I_1 = \sqrt{3}I_p$。

(2) 不对称三相负载做 Y 连接时,必须采用三相四线制接法(即 Y_0 接法),而且中线必须牢固连接,以保证三相不对称负载的每一相电压维持不变。倘若中线断开,会导致三项负载的电压不对称,致使负载轻的一相的相电压过高,使负载遭受损坏;负载重的一相的相电压过低,使负载不能正常工作,尤其是对于照明电路,无条件地一律采用 Y_0 接法。

(3) 对于不对称负载做 △ 连接时,$I_1 \neq \sqrt{3}I_p$,但只要电源的线电压对称,加在三相负载上的电压仍然是对称的,对各相负载的工作没有影响。

三、实验设备

(1) 交流电压表、交流电流表各一台。

(2) 万用表、功率表各一台。

(3) 三相交流输出、三相调压输出。

(4) 200V 40W 白炽灯若干。

四、实验内容与步骤

1. 三相负载星形连接

按图 2.9.1 线路连接实验电路,即三相灯组负载经三相自耦调压器接通三相对称电源,并将三相调压器的旋钮置于三相电压输出为 0V 的位置(即逆时针旋到底的位置),经指导教师检查合格后方可合上三相电源的开关,然后调节调压器的输出,使输出的三相线电压为 220V,并按以下步骤完成各项实验,分别测量三相负载的线电压、相电压、线电流、相电流、中线电流、电源中点与负载中点间的电压,将所测得的数据记入表 2.9.1 中,并观察各相灯组亮暗的变化程度,特别注意观察中线的作用。

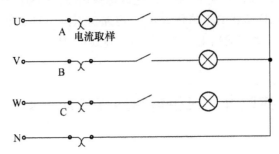

图 2.9.1

表 2.9.1　负载 Y 接法各项实验数据

测量数据 实验内容	线电流/A			线电压/V			相电压/V			中线电流 I_0	中点电压 $U_{N'N}$
	I_A	I_B	I_C	U_{AB}	U_{BC}	U_{CA}	U_{AN}	U_{BN}	U_{CN}		
Y_0 接平衡负载											
Y 接平衡负载											

测量数据＼实验内容	线电流/A			线电压/V			相电压/V			中线电流 I_0	中点电压 $U_{N'N}$
	I_A	I_B	I_C	U_{AB}	U_{BC}	U_{CA}	U_{AN}	U_{BN}	U_{CN}		
Y_0 接不平衡负载											
Y 接不平衡负载											
Y_0 接 B 相断开											
Y 接 B 相断开											
Y 接 B 相短路											

2. 负载三角形连接

按图 2.9.2 连接线路,经指导教师检查合格后接通三相电源,并调节调压器使其输出线电压为 220V,并按表 2.9.2 的内容进行测试。

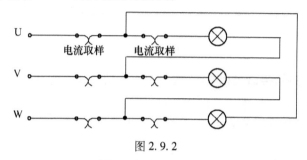

图 2.9.2

表 2.9.2　负载△接法实验数据表格

测量数据＼负载情况	线电压/V			线电流/A			相电流/A		
	U_{AB}	U_{BC}	U_{CA}	I_A	I_B	I_C	I_{AB}	I_{BC}	I_{CA}
三相平衡负载									
三相不平衡负载									

3. 用一瓦特表法测定

用一瓦特表法测定 Y_0 接三相对称负载以及 Y_0 接三相不对称负载的总功率 $\sum P$。实验接线如图 2.9.3 所示,线路中的电流表和电压表用来监视三相电流和电压不得超过功率表电压和电流的量程。接好线路经指导老师检查后,接通三相电源开关,将调压器的输出由 0V 调到线电压 380V,按表 2.9.3 的要求进行测量,然后将交流电压表、交流电流表和功率表分别换接到 A 相和 C 相进行同样的操作。

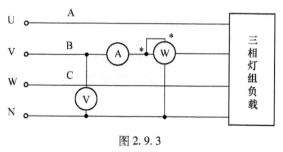

图 2.9.3

69

表 2.9.3

负载情况	测 量 数 据			计算值
	P_A/W	P_B/W	P_C/W	$\sum P/W$
Y_0 接平衡负载				
Y_0 接不平衡负载				

4. 用二瓦特表法测定三相负载的总功率

（1）按照图 2.9.4 所示接线,将负载接成 Y 形接法。

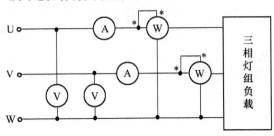

图 2.9.4

经指导老师检查后,接通三相电源,调节调压器的输出线电压为220V,按照表 2.9.4 内容进行测量计算。

（2）将三相灯组负载改为△接法,重复上述测量步骤,将测量数据记入表 2.9.4。

表 2.9.4

负载情况	测 量 数 据		计算值
	P_1/W	P_2/W	$\sum P/W$
Y 接平衡负载			
Y 接不平衡负载			
△接平衡负载			
△接不平衡负载			

五、实验注意事项

（1）每次接线完毕,同组同学应自查一遍,然后经指导老师检查确认无误后,方可接通电源。实验过程中必须严格遵守先接线、后通电;先断电、后抓线的实验操作原则。

（2）星形负载做短路实验时,必须首先断开中线,以免发生短路事故。

（3）每次实验完毕,均须将三相调压器的旋钮调回零位,以确保人身安全。

六、预习思考题

（1）三相负载在什么情况下采取星形接法,什么情况下采取三角形接法?

（2）复习三相交流电路的有关内容,试分析三相星形连接不平衡负载在无中线的情况下,当某一相负载开路或者短路会出现什么结果? 如果接上中线,情况会发生什么改变?

（3）复习二瓦特表法测量三相电路有功功率的原理。

（4）如果用一个瓦特表测量三相平衡负载的无功功率,该如何接线? 试分析其原理。

（5）测量功率时为什么在线路中通常接有电压表和电流表？

七、实验报告要求

（1）完成数据表格中的各项测量任务。

（2）用实验测得的数据验证对称三相电路中的电压、电流关系。

（3）用实验数据和观察到的现象，总结三相四线制供电系统中中线的作用。

（4）不平衡负载采取三角形接法能否正常工作？通过实验能否证明结论？

（5）根据不对称灯组负载三角形连接时的相电流绘制相量图，并求出线电流值，然后和实验中的数据进行比较并分析。

（6）总结三相电路功率测量的方法，分析二瓦特表法的测量原理。

实验十　一阶电路的时域响应

一、实验目的

（1）测定一阶电路的零输入响应、零状态响应及全响应。

（2）研究电路时间常数 τ 的意义并掌握其测量方法。

（3）掌握有关微分电路和积分电路的概念。

二、实验原理

1. RC 一阶电路的零状态响应

RC 一阶电路如图 2.10.1 所示，开关 S 在'1'的位置，$u_C = 0$ 处于零状态，当开关 S 合向'2'的位置时，电源通过电阻 R 向电容 C 充电，$u_C(t)$ 称为 RC 一阶电路零状态响应。$u_C = U_S(1 - e^{-\frac{t}{\tau}})$ 变化曲线如图 2.10.2 所示，u_C 上升到 $0.632U_S$ 所需的时间称为时间常数 τ，$\tau = RC$。

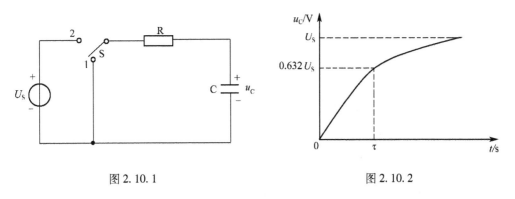

图 2.10.1　　　　　　　　　　图 2.10.2

2. RC 一阶电路的零输入响应

在图 2.10.1 中，开关 S 在'2'的位置电路稳定后，在合向'1'的位置时，电容 C 通过 R 放电，$u_C(t)$ 称为 RC 一阶电路的零输入响应。$u_C = U_S e^{-\frac{t}{\tau}}$ 变化曲线如图 2.10.3 所示，u_C 下降到 $0.368U_S$ 所需的时间称为时间常数 τ，$\tau = RC$。

3. 测量 RC 一阶电路的时间常数 τ

动态网络的过渡过程是十分短暂的单次变化过程，对时间常数 τ 较大的电路，可用慢

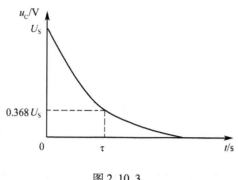

图 2.10.3

扫描长余示波器观察光点移动的轨迹。然而能用一般的双踪示波器观察过渡过程和测量有关的参数，但必须使这种单次变化的过程重复出现。为此，利用信号发生器输出的方波来模拟阶跃激励信号，即令方波输出的上升沿作为零状态响应的正阶跃激励信号；方波下降沿作为零输入响应的负阶跃激励信号，只要选择方波的重复周期远大于电路的时间常数 τ，电路在这样的方波序列脉冲信号的激励下，它的影响和直流接通与断开的过渡过程是基本相同的。将图 2.10.4 所示的周期为 T 的方波信号 u_S 作为电路的激励信号，只要满足 $T/2 \geqslant 5\tau$，便可在示波器的荧光屏上形成稳定的响应波形。用双踪示波器观察电容电压 u_C，便可观察到稳定的指数曲线，如图 2.10.5 所示，在荧光屏上测得电容电压的最大值 $U_{Cm} = b$，取 $a = 0.632b$，与指数曲线交点对应时间轴坐标为 X，则根据时间轴比例尺即可确定该电路的时间常数。

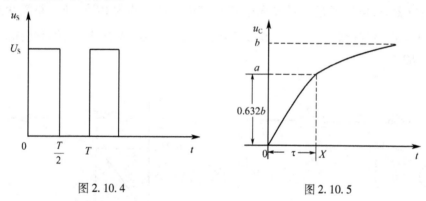

图 2.10.4   图 2.10.5

4. 微分电路和积分电路

方波信号 u_S 作用在 RC 串联电路中，当满足电路时间常数 τ 远远小于方波周期 T 的条件时，电阻两端(输出)的电压 u_R 与方波输入信号 u_S 呈微分关系，$u_R \approx RC \dfrac{\mathrm{d}u_S}{\mathrm{d}t}$，该电路称为微分电路。当满足电路时间常数 τ 远远大于方波周期 T 的条件时，电容两端(输出)的电压 u_C 与方波输入信号 u_S 呈积分关系，$u_C \approx \dfrac{1}{RC} \displaystyle\int u_S \mathrm{d}t$，该电路称为积分电路。

三、实验设备

（1）双踪示波器一台。

（2）信号源(方波输出)一个。

72

（3）电阻、电容元件。

四、实验内容与步骤

（1）调节脉冲信号发生器输出峰峰值 $V_{p-p}=2V$，$f=1kHz$ 的方波电压信号，并通过示波器探头将激励源信号和响应信号分别连至示波器的两个输入口 Y_A 和 Y_B。

（2）RC 一阶电路的充放电过程表示如下。

测量时间常数 τ：令 $R=10k\Omega$，$C=0.01\mu F$ 用示波器观察激励 u_S 与响应 u_C 的变化规律，测量并记录时间常数 τ。

观察时间常数 τ（即电路参数 R 和 C）对暂态过程的影响：令 $R=10k\Omega$，$C=0.01\mu F$ 观察并描绘响应的波形，继续增大 C（取 $0.01\mu F \sim 0.1\mu F$）或增大 R（取 $10k\Omega \sim 30k\Omega$），定性地观察对响应的影响。

（3）微分电路和积分电路的内容。

积分电路：令 $R=10k\Omega$，$C=0.1\mu F$，用示波器观察激励 u_S 与响应 u_C 的变化规律。

微分电路：将实验电路中的 R 和 C 元件位置互换，令 $R=10\Omega$，$C=0.01\mu F$，用示波器观察激励 u_S 与响应 u_R 的变化规律。

五、实验注意事项

（1）调节电子仪器各旋钮时，动作不要过猛。实验前，需熟读双踪示波器的使用说明，特别是观察双踪时，要特别注意开关、旋钮的操作与调节。

（2）信号源接地端与示波器接地端要连在一起（称共地），以防外界干扰影响测量的准确性。

（3）示波器的辉度不应过亮，尤其是光点长期停留在荧光屏上不动时，应将辉度调暗，以延长示波器的使用寿命。

六、预习思考题

（1）什么样的电信号可作为 RC 一阶电路零输入响应、零状态响应和完全响应的激励信号？

已知 RC 一阶电路 $R=10k\Omega$，$C=0.1\mu F$。试计算时间常数 τ，并根据 τ 值的物理意义拟定测量方案。

（2）何谓积分电路和微分电路，它们必须具备什么条件？它们在方波序列脉冲的激励下，其输出信号波形的变化规律如何？这两种电路有何功能？

七、实验报告要求

（1）根据实验观测结果，在坐标纸上绘出 RC 一阶电路充放电时 u_C 的变化曲线以及微分电路和积分电路的输出波形，由充、放电输出曲线测得 τ 值，并与参数值的计算结果做比较，分析误差原因。

（2）根据实验观测结果，归纳、总结积分电路和微分电路的形成条件，阐明波形变换的特征。

实验十一　单相铁芯变压器特性的测试

一、实验目的

（1）通过测量，计算变压器的各项参数。

（2）学会测绘变压器的空载特性与外特性。

二、实验原理

（1）图2.11.1所示为测试变压器参数的电路，由各仪表读得变压器原边（AX 设为低压侧）的 U_1、I_1、P_1 及副边（ax 设为高压侧）的 U_1、I_2，并用万用表 $R \times 1$ 挡测出原、副绕组的电阻 R_1 和 R_2，即可算得变压器的各项参数值。

电压比为 $K_u = U_1/U_2$，电流比为 $K_s = I_1/I_0$。

原边阻抗为 $Z_1 = U_1/I_1$，副边阻抗为 $Z_2 = U_2/I_2$。

阻抗比为 Z_1/Z_2。

负载功率为 $P_2 = U_2I_2\cos\phi$。

损耗功率为 $P_0 = P_1 - P_2$。

功率因数为 $\lambda = \dfrac{P_1}{U_1I}$，原边线圈铜耗为 $P_{Cu1} = I_1^2R_1$。

副边线圈铜耗为 $P_{Cu2} = I_2^2R_2$，铁耗为 $P_{Fe} = P_0 - (P_{Cu1} + P_{Cu2})$。

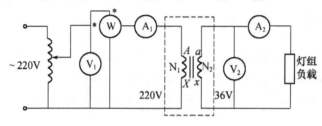

图 2.11.1

（2）铁芯变压器是一个非线性元件，铁芯中的磁感应器强度 B 决定于外加电压的有效值 U，当副边开路（即空载）时，原边的励磁电流 I_{10} 与磁场强度 H 成正比。在变压器中，副边空载时，原边电压与电流的关系称为变压器的空载特性，这与铁芯的磁化曲线（$B - H$ 曲线）是一致的。

空载实验通常是将高压侧开路，由低压侧通电进行测量；又因空载时功率因数很低，故测量功率时应采用低功率因数瓦特表；此外因变压器空载时阻抗很大，故电压表应接在电流表侧。

（3）变压器外特性测试。为了满足实验中灯泡负载额定电压为 220V 的要求，故以变压器的低压（36V）绕组作为原边，220V 的高压绕组作为副边即当成一台升压变压器使用。在保持原边电压 $U_1 = 36V$ 不变时，逐次增加灯泡负载（每只灯泡功率为 40W），测定 U_1、I_1、U_2、I_2，即可绘出变压器的外特性，即负载特性曲线 $U_2 = f(I_2)$。

三、实验设备

（1）交流电压、电流表各一台。

（2）功率表一台。

（3）变压器 36V/220V/50VA；白炽灯 220V 40W。

（4）三相调压输出。

四、实验内容与步骤

（1）用交流法判别变压器绕组的极性（参照互感电路观测实验）。

（2）按图 2.11.1 所示线路接线（AX 为低压绕组，ax 为高压绕组），即电源经调压器接至低压绕组，高压绕组接 220V 40W 的灯组负载（用两组灯泡并联获得），经指导教师检查后方可进行实验。

（3）将调压器手柄置于输出电压为零的位置（逆时针旋到底位置），然后合上电源开关，并调节调压器，使其输出电压等于变压器低压侧的额定电压 36V，分别测试负载开路及逐次增加负载至额定值，记下五个仪表的读数，记入自拟的数据表格，绘制变压器外特性曲线，实验完毕将调压器调回零位，断开电源。

（4）将高压线圈（副边）开路，确认调压器处在零位后，合上电源，调节调压器输出电压，使 U_1 从零逐次上升到 1.2 倍的额定电压（$1.2 \times 36V$），分别记下各次测得的 U_{10}、U_{20} 和 I_{10} 数据，记入自拟的数据表格，绘制变压器的空载特性曲线。

五、实验注意事项

（1）本实验将变压器作为升压变压器使用，并调节调压器提供原边电压 U_1，故使用调压器时应首先调至零位，然后才可合上电源，此外，必须用电压表监视调压器的输出电压，防止被测变压器输出过高电压而损坏实验设备，且要注意安全，以防高压触电。

（2）遇异常情况应立即断开电源，待解决故障后，方可继续实验。

六、预习思考题

（1）为什么本实验将低压绕组作为原边进行通电实验？此时，在实验过程中应注意什么问题？

（2）为什么变压器的励磁参数一定是在空载实验加额定电压的情况下求出？

七、实验报告要求

（1）根据实验内容，自拟数据表格，绘出变压器的外特性和空载特性曲线。

（2）根据额定负载时测得的数据，计算变压器的各项参数。

（3）计算变压器的电压调整率 $\Delta U\% = \dfrac{U_{20} - U_{2N}}{U_{20}} \times 100\%$。

实验十二　双口网络的研究

一、实验目的

（1）学习测定无源线性双口网络的参数的方法。

（2）根据双口网络的参数，做出 T 形和 Π 形等效电路。

二、实验原理

（1）任意一个无源双口网络（图 2.12.1），其外特性可通过端口电压 $\dot{U}_1$、$\dot{U}_2$ 与端口电流 $\dot{I}_1$、$\dot{I}_2$ 之间的关系来表征。

对应的等效电路参数有 Z 参数、Y 参数、T 参数等。

其中 Z 参数特性方程为

$$\dot{U}_1 = Z_{11}\dot{I}_1 + Z_{12}\dot{I}_2$$
$$\dot{U}_2 = Z_{21}\dot{I}_1 + Z_{22}\dot{I}_2$$

Y 参数特性方程为

图 2.12.1

$$\dot{I}_1 = Y_{11}\dot{U}_1 + Y_{12}\dot{U}_2$$

$$\dot{I}_2 = Y_{21}\dot{U}_1 + Y_{22}\dot{U}_2$$

T 参数特性方程为

$$\dot{U}_1 = A_{11}\dot{U}_2 + A_{12}(-\dot{I}_2)$$

$$\dot{I}_1 = A_{21}\dot{U}_2 + A_{22}(-\dot{I}_2)$$

（2）用实验测试的方法获得双口网络的任意一种等效参数。例如将端口 $2-2'$ 开路，在端口 $1-1'$ 施加电流源 $\dot{I}_1$，分别测量端口 $1-1'$ 的电压 $\dot{U}_1$、端口 $2-2'$ 的电压 $\dot{U}_2$，则有

$$Z_{11} = \left.\frac{\dot{U}_1}{\dot{I}_1}\right|_{I_2=0} \qquad Z_{21} = \left.\frac{\dot{U}_2}{\dot{I}_1}\right|_{I_2=0}$$

同理，将端口 $1-1'$ 开路，在端口 $2-2'$ 施加电流源 $\dot{I}_2$，分别测量端口 $1-1'$ 的电压 $\dot{U}_1$、端口 $2-2'$ 的电压 $\dot{U}_2$，则有

$$Z_{12} = \left.\frac{\dot{U}_1}{\dot{I}_2}\right|_{I_1=0} \qquad Z_{22} = \left.\frac{\dot{U}_2}{\dot{I}_2}\right|_{I_1=0}$$

（3）任何复杂的无源线性双口网络的外特性可以用三个阻抗（或导纳）元件组成的 T 形和 Π 形等效电路来代替，如图 2.12.2 和图 2.12.3 所示。

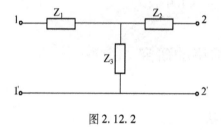

图 2.12.2

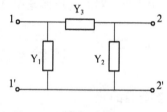

图 2.12.3

T 形等效电路的 Z_1、Z_2、Z_3 与 Z 参数的关系为

$$Z_1 = Z_{11} - Z_{12}, \quad Z_2 = Z_{12}, \quad Z_3 = Z_{22} - Z_{12}$$

Π 形等效电路的 Y_1、Y_2、Y_3 与 Y 参数的关系为

$$Y_1 = Y_{11} + Y_{12}, \quad Y_2 = -Y_{12} = -Y_{21}, \quad Y_3 = Y_{22} + Y_{21}$$

三、实验设备

（1）电路分析实验箱一个。

（2）数字万用表一只。

四、实验内容与步骤

（1）实验线路如图 2.12.4 所示，$R_1 = 100\Omega$，$R_2 = R_5 = 300\Omega$，$R_3 = R_4 = 200\Omega$，$U_1 =$

10V。将端口 $2-2'$ 处开路测量 $\dot{U}_{20}$、$\dot{I}_{10}$，将 $2-2'$ 短路，测量 $\dot{I}_{1S}$、$\dot{I}_{2S}$，并将结果填入表 2.12.1 中。

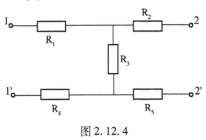

图 2.12.4

表 2.12.1

2-2'开路	$\dot{U}_{20}$	$\dot{I}_{10}$
$\dot{I}_2 = 0$		
2-2'短路	$\dot{I}_{1S}$	$\dot{I}_{2S}$
$\dot{U}_2 = 0$		

（2）计算出 A_{11}、A_{12}、A_{21}、A_{22}。

$$A_{11} = \left.\frac{\dot{U}_{10}}{\dot{U}_{20}}\right|_{i_2=0} \qquad A_{21} = \left.\frac{\dot{I}_{10}}{\dot{U}_{20}}\right|_{i_2=0} \qquad A_{21} = \left.\frac{\dot{U}_{1S}}{-\dot{I}_{2S}}\right|_{\dot{u}_2=0} \qquad A_{22} = \left.\frac{\dot{I}_{1S}}{-\dot{I}_{2S}}\right|_{\dot{u}_2=0}$$

验证 $A_{11}A_{22} - A_{12}A_{21} = 1$。

（3）计算 T 形等值电路中的电阻 r_1、r_2、r_3，并组成 T 形等值电路，如图 2.12.5 所示。

在 $1-1'$ 处加入 $U_1 = 10\text{V}$，分别将端口 $2-2'$ 处开路和短路测量，并将结果填入表 2.12.2 中。

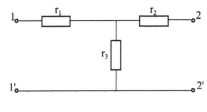

图 2.12.5

表 2.12.2

2-2'开路	$\dot{U}_{20} = 0$	$\dot{I}_{10}$
$\dot{I}_2 = 0$		
2-2'短路	$\dot{I}_{1S} = 0$	$\dot{I}_{2S}$
$\dot{U}_2 = 0$		

$$r_1 = \frac{A_{11} - 1}{A_{21}} \qquad r_2 = \frac{A_{22} - 1}{A_{21}} \qquad r_3 = \frac{1}{A_{21}}$$

比较表 2.12.1 和 2.12.2 中的数据，验证电路的等效性。

（4）设计 Π 形等效双口网络，并通过有关测试证明设计的正确性。

五、实验注意事项

（1）每当接通电源进行测量之前，应将稳压电源的电压值置零，然后缓慢升压，直到达到规定的电压值。

（2）注意电流表的极性，在端口 $1-1'$ 或端口 $2-2'$ 处接入电压源时，它们各自的电流方向是不同的，一个流入端口，另一个自端口流出。所以电流表应正确接入，以防表针反转受到撞击。

六、实验报告要求

（1）完成各项规定的实验内容。

（2）整理测量数据，计算有关参数。

（3）自拟实验内容与步骤（4）的数据记录表格，并分析其结果。

第3章 提高性实验

实验一 运算放大器和受控源

一、实验目的

（1）获得运算放大器和有源器件的感性认识，了解由运算放大器组成各类受控源的原理和方法，理解受控源的实际意义。

（2）通过测试受控源的外特性及其转移参数，进一步理解受控源的物理概念，加深对受控源的认识和理解。

二、实验原理

（1）运算放大器是一种有源三端元件，图3.1.1（a）为运算放大器的电路符号。

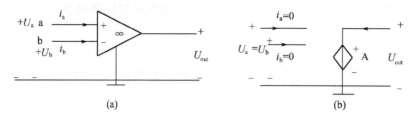

图 3.1.1

它有两个输入端、一个输出端和一个对输入和输出信号的参考地线端。" ＋"端称为非倒相输入端，信号从非倒相输入端输入时，输出信号与输入信号对参考地线端来说极性相同。" －"端称为倒相输入端，信号从倒相输入端输入时，输出信号与输入信号对参考地线来说极性相反。运算放大器的输出端电压为

$$U_{\text{out}} = A(U_{\text{a}} - U_{\text{b}})$$

式中：A 是运算放大器的开环电压放大倍数。在理想情况下，A 和输入电阻 R_{in} 均为无穷大，因此有

$$U_{\text{a}} = U_{\text{b}}$$

$$i_{\text{a}} = \frac{u_{\text{a}}}{R_{\text{in}}} = 0 \qquad i_{\text{b}} = \frac{u_{\text{b}}}{R_{\text{in}}} = 0$$

上述式子说明以下几点。

（1）运算放大器的" ＋"端与" －"端之间等电位，通常称为"虚短路"。

（2）运算放大器的输入端电流等于零，称为"虚断路"。

此外，理想运算放大器的输出电阻为零。这些重要性质是简化分析含运算放大器电路的依据。

除了两个输入端、一个输出端和一个参考地线端外，运算放大器还有地线端的电源正

端和电源负端。运算放大器的特性是在接有正、负电源(工作电源)的情况下才具有的。

运算放大器的理想电路模型为一个受控电源,如图 3.1.1(b)所示。在它的外部接入不同的电路元件可以实现信号的模拟运算或模拟变换,其应用极其广泛。含有运算放大器的电路是一种有源网络,在实验中主要研究它的端口特性以了解其功能。本次实验将要研究由运算放大器组成的几种基本受控电路。

(2)图 3.1.2 所示的电路是一个电压控制电压源(VCVS)。由于运算放大器的"+"和"-"端为"虚短路",有

$$U_a = U_b = U_1$$

故

$$i_{R_2} = \frac{u_b}{u_{R_2}} = \frac{u_1}{u_{R_2}}$$

又因

$$i_{R_1} = i_{R_2}$$

所以

$$u_2 = i_{R_1} R_1 + i_{R_2} R_2 =$$

$$i_{R_2}(R_1 + R_2) = \frac{u_1}{R_2}(R_1 + R_2) = \left(1 + \frac{R_1}{R_2}\right)u_1$$

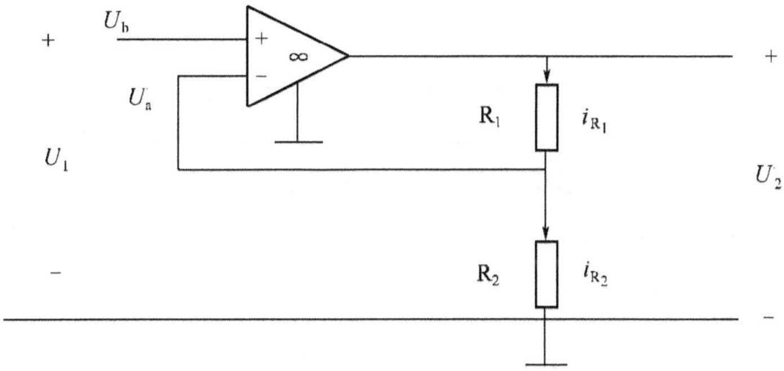

图 3.1.2

即运算放大器的输出电压 U_2 受输入电压 U_1 的控制,它的理想电路图模型如图 3.1.3 所示。其电压比

$$\mu = \frac{u_2}{u_1} = 1 + \frac{R_1}{R_2}$$

式中:μ 为电压放大倍数(无量纲)。该电路是一个非倒相比例放大器,其输入和输出端有公共接地点。这种连接方式称为共地连接。

(3)把图 3.1.2 所示电路中的 R_1 看做一个负载电阻,这个电路就成为一个电压控制的电流源(VCCS),如

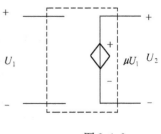

图 3.1.3

图 3.1.4 所示,运算放大器的输出电流为

$$i_s = i_R = \frac{U_a}{R} = \frac{U_i}{R}$$

即 i_s 只受运算放大器输入电压 U_i 的控制,与负载电阻 R_L 无关。图 3.1.5 是它的理想电路模型。比例系数为

$$g_m = \frac{i_s}{U_1} = \frac{1}{R}$$

式中:g_m 具有电导的量纲,称为转移电导。在图 3.1.4 所示电路中,输入、输出无公共接地点,这种连接方式称为浮地方式连接。

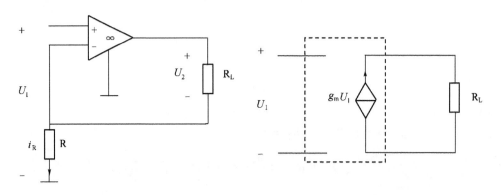

图 3.1.4   图 3.1.5

(4) 一个简单的电流控制型电压源(CCVS)电路如图 3.1.6 所示。由于运算放大器的"+"端接地即 $U_b = 0$,所以"-"端电压 U_a 也等于零,在这种情况下,运算放大器的"-"端称为"虚地点",显然流过电阻 R 的电流即为网络输入端口电流 i_1,运算放大器的输出电压 $U_2 = -Ri_1$,它受电流 i_1 的控制。图 3.1.7 是它的理想电路模型。其比例系数为

$$r_m = \frac{u_2}{i_1} = -R$$

式中:r_m 具有电阻的量纲,称为转移电阻,连接方式称为共地连接。

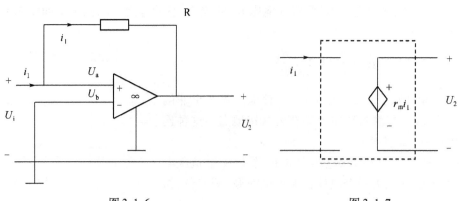

图 3.1.6   图 3.1.7

80

（5）运算放大器还可以构成一个电流控制的电流源（CCCS），如图3.1.8所示，由于

$$u_c = -i_{R_2}R_2 = -i_1 R_2$$

又因

$$i_{R_3} = -\frac{u_c}{R_3} = i_1 \frac{R_2}{R_3}$$

故

$$i_s = i_{R_2} + i_{R_3} = i_1 + i_1 \frac{R_2}{R_3} = \left(1 + \frac{R_2}{R_3}\right)i_1$$

即输出电流 i_s 受输入端口电流 i_1 的控制，与负载电阻 R_L 无关，它的理想电路模型如图3.1.9所示，其电流比为

$$\beta = \frac{i_s}{i_1} = 1 + \frac{R_2}{R_3}$$

β 无量纲，称为电流放大系数。这个电路实际上起着电流放大的作用，连接方式为浮地连接。

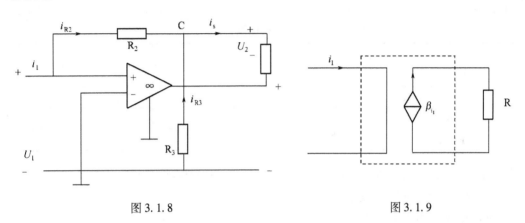

图3.1.8　　　　　　　　　　　　　　图3.1.9

（6）本次实验中受控源全部由直流电源激励（输入），对于交流电源激励和其他电源激励，实验结果完全相同。由于运算放大器的输出电流较小，因此测量电压时必须用高内阻电压表，如万用表等。

三、实验设备

（1）电路分析实验箱一台。

（2）直流毫安表两台。

（3）数字万用表一台。

（4）直流数字电压表一台。

（5）恒压源一台。

四、实验内容与步骤

1. 测试以下特性

1）测试电压控制电压源和电压控制电流源的特性

实验线路及参数如图 3.1.10 所示。

(1) 电路接好后,先不给激励源 U_1,将运算放大器"+"端对地短路,接通实验箱,电源工作正常时,应有 $U_2 = 0$ 和 $I_s = 0$。

(2) 接入激励源 U_1,取 U_1 分别为 0.5V、1V、1.5V、2V、2.5V(操作时每次都要注意测定一下),测量 U_2 及 I_s 值并逐一记入表 3.1.1 中。

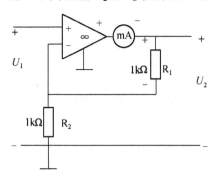

图 3.1.10

表 3.1.1

给定值		U_1/V	0	0.5	1	1.5	2	2.5
VCVS	测量值	U_2/V						
	计算值	μ	/					
VCCS	测量值	I_s/mA						
	计算值	g_m/S	/					

(3) 保持 U_1 为 1.5V 而改变 R_1(即 R_L)的阻值,分别测量 U_2 及 I_s 值并逐一记入表 3.1.2 中。

表 3.1.2

给定值		$R_1/k\Omega$	1	2	3	4	5
VCVS	测量值	U_2/V					
	计算值	μ					
VCCS	测量值	I_s/mA					
	计算值	g_m/S					

(4) 核算表 3.1.1 和表 3.1.2 中的 μ 和 g_m 值,分析受控源特性。

2) 测试电流控制电压源特性

实验电路如图 3.1.11 所示,输入电流由电压源 U_s 和 R_i 提供。

(1) 给定 R 为 1kΩ,U_s 为 1.5V,改变 R_i 的值,分别测量 I_1 和 U_2 的值并逐一记录于表 3.1.3 中,注意 U_2 的实际方向。

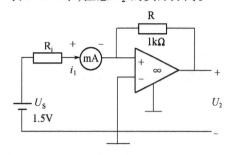

图 3.1.11

表 3.1.3

给定值	$R_1/k\Omega$	1	2	3	4	5
测量值	I_1/mA					
	U_2/V					
计算值	r_m/Ω					

（2）保持 U_s 为 1.5V，R_i 为 1kΩ，改变 R 的阻值，分别测量 I_1 和 U_2 的值并逐一记录于表 3.1.4 中。

表 3.1.4

给定值	$R/\text{k}\Omega$	1	2	3	4	5
测量值	I_1/mA					
	U_2/V					
计算值	r_m/Ω					

（3）核算表 3.1.3 和表 3.1.4 中的各 r_m 值，分析受控源特性。

3）测试电流控制电流源特性

实验电路及参数如图 3.1.12 所示。

（1）给定 U_s 为 1.5V，R 为 3kΩ，R_2 和 R_3 为 1kΩ，负载分别取 0.5kΩ、2kΩ、3kΩ 逐一测量并记录 I_1 和 I_2 的数值。

（2）保持 U_s 为 1.5V，R 为 1kΩ，R_2 和 R_3 为 1kΩ，分别取 R_i 为 3kΩ、2.5kΩ、2kΩ、1.5kΩ、1kΩ，逐一测量并记录 I_1 和 I_2 的数值。

（3）保持 U_s 为 1.5V，R_L 为 1kΩ，R_i 为 3kΩ，分别取 R_2（或 R_3）为 1kΩ、2kΩ、3kΩ、4kΩ、5 kΩ，逐一测量并记录 I_1 及 I_2 的数值。以上各实验记录表格仿前自拟。

（4）核算各种电路参数下的 β 值，分析受控源特性。

2. 测试转移特性

1）测量受控源 VCVS 的转移特性

VCVS 的转移特性又称电压传输特性，即 $U_2 = f(u_1)$。负载特性即 $U_2 = f(R_L)$。按图 3.1.13 连接实验线路，其中 $R_2 = R_f = 10\text{k}\Omega$。

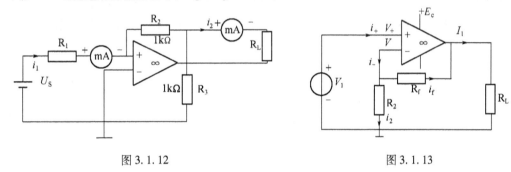

图 3.1.12   图 3.1.13

（1）令 $R_L = 2\text{k}\Omega$，调节恒压源 0V ~ 8V 输出，测出相应的 U_2 值（表 3.1.5）。在方格纸上绘出电压转移特性曲线，并在其线性部分求出转移电压比 μ。

表 3.1.5

U_1/V	0	1	2	3	4	5	6
U_2/V							

（2）保持 $U_1 = 2\text{V}$，调节可变电阻箱 R_L 的阻值，测 U_2，记入表 3.1.6 中，绘制负载特性曲线。

表 3.1.6

R_L/Ω	50	70	100	200	300	400	1k
U_2/V							

2）测量受控源 VCCS 的转移特性

其转移特性为 $I_2 = f(U_1)$，负载特性为 $I_2 = f(R_L)$，按图 3.1.14 所示接线。其中 $R_2 = 10k\Omega$。

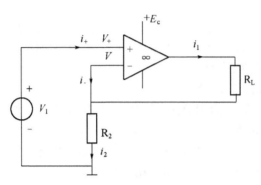

图 3.1.14

（1）令 $R_L = 2k\Omega$，调节恒压源 0V～4V 输出，测出相应的 I_2 值（表 3.1.7），绘制 $I_2 = f(R_L)$ 曲线，并由其线性部分求出转移电导 g_m。

表 3.1.7

U_1/V	0	0.5	1	1.5	2	2.5	3	3.5
I_2/mA								

（2）保持 $U_1 = 2V$，令 R_L 从大到小变化，测出相应的 I_2（表 3.1.8），绘制负载特性曲线。

表 3.1.8

$R_L/k\Omega$	50	20	10	5	3	1	0.5	0.2
I_2/mA								

3）测量受控源 CCVS 的转移特性 $U_2 = f(R_L)$

按图 3.1.15 所示接线，其中 $R_1 = 10k\Omega$，$R_2 = 6.8k\Omega$，$R_f = 20k\Omega$。

（1）令 $R_L = 2k\Omega$，调节恒流源的输出电流 I_s，使其在 0mA～0.5mA 内取 8 个数值，测出 U_2（表 3.1.9），绘制 $U_2 = f(I_1)$ 曲线，并由线性部分求出转移电阻 r_m。

表 3.1.9

I_1/mA	0	0.05	0.1	0.15	0.20	0.25	0.30	0.40
u_2/mV								

（2）保持 $I_s = 0.2mA$（即 $I_1 = 0.2mA$），令 R_1 从 50Ω 增至 80kΩ，测出 U_2（表 3.1.10），绘制负载特性曲线。

表 3.1.10

R_L/Ω	50	100	150	200	500	1k	10k	80k
U_2/V								

4）测量受控源 CCCS 的电流转移特性

其转移特性为 $I_2=f(I_1)$，负载特性为 $I_2=f(R_L)$。

按图 3.1.16 所示接线，其中 $R_1=10\text{k}\Omega$，$R_2=6.8\text{k}\Omega$，$R_f=R=20\text{k}\Omega$。

（1）令 $R_L=2\text{k}\Omega$，调节恒流源的输出电流 I_s，使 I_1 在 $0\text{mA}\sim0.5\text{mA}$ 范围内取 8 个数值，测出 I_2（表 3.1.11），绘制 $I_2=f(I_1)$ 曲线，并由其线性部分求出转移电流比 β。

表 3.1.11

I_1/mA	0	0.05	0.1	0.15	0.20	0.25	0.30	0.40
I_2/mA								

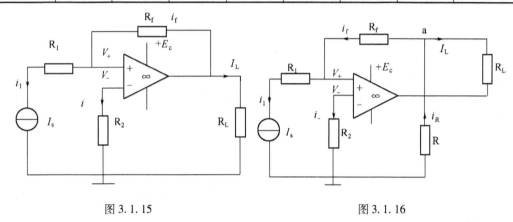

图 3.1.15　　　　　　　　　　　图 3.1.16

（2）保持 $I_1=0.2\text{mA}$，令 R_L 从 $0\text{k}\Omega\sim8\text{k}\Omega$ 递增，测出 I_2，记入表 3.1.12 中，绘制负载特性曲线。

表 3.1.12

R_L/Ω	0	100	5k	10k	20k	40k	60k	80k
I_2/mA								

五、实验注意事项

（1）实验电路确认无误后方可接通电源，每次在运算放大器外部换接电路元件时，必须先断开电源。

（2）实验中，作为受控元件的运算放大器输出端不能与地短接。

（3）做电流源实验时，不要电流源负载开路。

六、实验报告要求

（1）整理各组实验数据，并从原理上加以讨论和说明。

（2）写出通过实验对受控源特性所加深的认识。

（3）试分析引起本次实验数据误差的原因。

（4）根据实验数据，在方格纸上分别绘出四种受控源的转移特性和负载特性曲线，并求出相应的转移参量。

85

（5）对预习思考题做必要的回答。

（6）对实验的结果做出合理的分析和结论，总结对四种受控源的认识和理解。

实验二　特勒根定理与互易定理

一、实验目的

通过对特勒根定理和互易定理的验证，进一步熟悉和加深对其定理的理解。

二、实验原理

1. 特勒根定理

特勒根定理是由基尔霍夫定律推导出的一个电路普遍定理。该定理有两个内容。

内容一：对于一个具有 N 个节点和 b 条支路的集中参数电路，设其支路电压和支路电流取关联参考方向并令 $(u_1, u_2, \cdots, u_b)$，$(i_1, i_2, \cdots, i_b)$ 分别为 b 条支路的电压和电流，则对任何时间 t 有

$$\sum_{k=1}^{b} u_k i_k = 0 \tag{3.2.1}$$

内容一实质上是功率守恒的数学表达式，它表明任何一个电路的全部支路吸收的功率之和恒等于 0。

内容二：设两个电路 N 和 $\hat{N}$ 都由集中参数元件组成，它们具有相同的图但由内容不同的支路构成。假设各支路电流和电压都取关联参考方向，并分别用 $(i_1, i_2, \cdots, i_b)$，$(u_1, u_2, \cdots, u_b)$ 和 $(\hat{i}_1, \hat{i}_2, \cdots, \hat{i}_b)$ $(\hat{u}_1, \hat{u}_2, \cdots, \hat{u}_b)$ 表示两电路中 b 条支路的电流和电压，则在任何时间有

$$\sum_{k=1}^{b} u_k \hat{i}_k = 0$$

$$\sum_{k=1}^{b} \hat{u}_k i_k = 0 \tag{3.2.2}$$

内容二不能用功率守恒解释，由于它仍具有功率之和的形式，所以有时又称为拟功率守恒定理。

2. 互易定理

网络 N 仅含有线性电阻，不含有任何独立电源和受控源。它满足以下条件。

（1）当一电源 U_s 接入 $1-1'$ 端，在 $2-2'$ 端引起短路电流 I_2，如图 3.2.1(a) 所示，等于将此电源移到 $2-2'$ 端，在 $1-1'$ 端引起的短路电流 $\hat{I}_1$，如图 3.2.1(b) 所示，即

$$I_2 = \hat{I}_1$$

（2）当一电源 I_s 接入 $1-1'$ 端，在 $2-2'$ 端引起开路电压 U_2，如图 3.2.2(a) 所示，等于将此电流移到 $2-2'$ 端，在 $1-1'$ 引起的开路电压 $\hat{U}_1$，如图 3.2.2(b) 所示，即

$$U_2 = \hat{U}_1$$

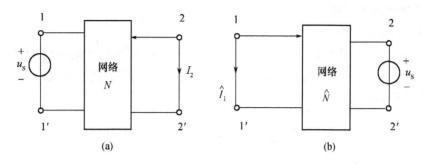

图 3.2.1 互易网络(1)

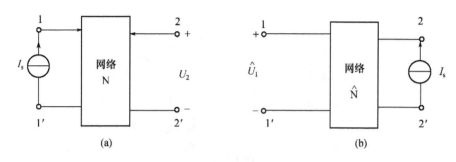

图 3.2.2 互易网络(2)

（3）当一电源 I_s 接入到 $1-1'$ 端，在 $2-2'$ 端引起短路电流 I_2，如图 3.2.3(a)所示，然后在 $2-2'$ 端接入电压源 U_s，在 $1-1'$ 端引起开路电压 $\hat{U}_1$，如图 3.2.3(b)所示，如果 I_s 和 U_s 在任何时间都相等，则有

$$I_2 = \hat{U}_1$$

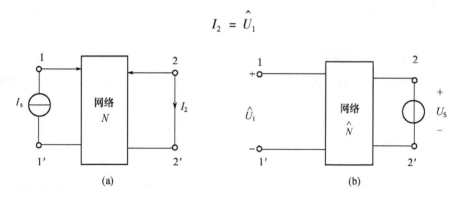

图 3.2.3 互易网络(3)

三、实验设备

（1）实验板一块。

（2）直流稳压电源一台。

（3）直流电流源一台。

（4）万用表一台。

（5）直流电流表一台。

87

四、实验内容与步骤

1. 验证特勒根定理

（1）实验电路如图 3.2.4 所示，$I_s = 10\text{mA}$，$E_2 = 10\text{V}$，$R_1 = R_3 = R_4 = 510\Omega$，$R_2 = 1\text{k}\Omega$，$R_5 = 330\Omega$。电压、电流取关联参考方向。测试各支路电压 U、电流 I，填入表 3.2.1 中，验证特勒根定理内容一。

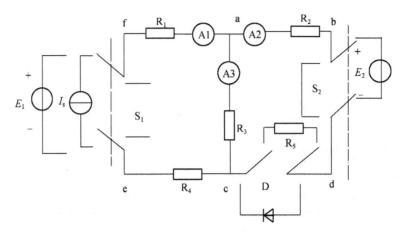

图 3.2.4

表 3.2.1　验证特勒根定理（一）的实验数据

测量值	1	2	3	4	5	6	7	$\sum P$
U/V								
I/mA								
P/W								

（2）图 3.2.4 所示电路中，$E_1 = 12\text{V}$，$E_2 = 0\text{V}$，二极管 D 代替电阻 R_5，其余同（1）。测定各支路电压 $\hat{U}$、电流 $\hat{I}$，填入表 3.2.2 中，结合任务（1）的 U、I 数据，验证特勒根定理内容二。

表 3.2.2　验证特勒根定理（二）的实验数据

测量值	1	2	3	4	5	6	7	$\sum P$
U/V								
$\hat{I}/\text{mA}$								
$\hat{P}/\text{W}$								
$\hat{U}/\text{V}$								
I/mA								
$\hat{P}/\text{W}$								

2. 验证互易定理

（1）实验线路如图 3.2.5 所示，$R_1 = 100\Omega$，$R_2 = 470\Omega$，$R_3 = 200\Omega$，$U_s = 12\text{V}$。测量

88

3.2.5(a)、图3.2.5(b)两电路各支路电流值,填入表3.2.3中。

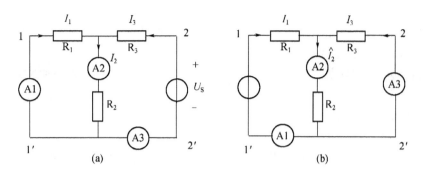

图 3.2.5　验证互易定理(1)实验电路

表 3.2.3　验证互易定理(1)的实验数据

电路(a)	I_1	I_2	I_3	电路(b)	$\hat{I}_1$	$\hat{I}_2$	$\hat{I}_3$

(2) 实验线路如图 3.2.6 所示, $R_1 = 100\Omega$, $R_2 = 470\Omega$, $R_3 = 200\Omega$, $I_s = 30\text{mA}$。测量 3.2.6(a)和图 3.2.6(b)两电路中端口 $1-1'$ 和 $2-2'$ 的电压值,并填入表 3.2.4 中。

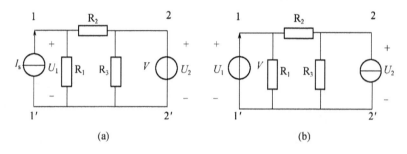

图 3.2.6　验证互易定理(2)实验电路

表 3.2.4　验证互易定理(2)的实验数据

电路(a)	U_1	U_2	电路(b)	$\hat{U}_1$	$\hat{U}_2$

五、实验报告要求

(1) 将所测数据代入式(3.2.1)、式(3.2.2)中,验证特勒根定理。

(2) 指出表 3.2.3 中哪两个电流互易,表 3.2.4 中哪两个电压互易,验证互易定理。

实验三　简单万用表线路计算和校验

一、实验目的

(1) 了解万用表电流挡、电压挡和欧姆挡的原理和设计方法。

(2) 了解欧姆挡的使用方法。

（3）了解校验电表的方法。

二、实验原理

万用表是测量工作中最常见的一种电表之一,用它可以进行电压、电流和电阻等多种物理量的测量,每种测量还有几个不同的量程。

万用表的内部组成从原理上分为两部分,即表头和测量电路。表头通常是一个直流微安表,它的工作原理可归纳为:表头指针的偏转角与流过表头的电流成正比。在设计电路时,只考虑表头的"满偏电流 I_m"和"内阻 R_i"值就够了。满偏电流是指针偏转满刻度时流过表头的电流值,内阻则是表头线圈的铜线电阻。表头与各种测量电路连接就可以进行多种电量的测量。通常借助于转换开关可以将表头与这些测量电路分别连接起来,就可以组成一个万用表。本实验分别研究这些内容。

1. 直流电流挡

多量程的分流器有两种电路。图 3.3.1 所示的电路利用转换开关分别接入不同阻值的分流器来改变它的电流量程。这种电路设计简单,缺点是可能由于开关接触不太好致使测量不准。最坏情况是开关断路(在开关接触不通或带电转换量程时有可能发生),这时全部被测电流都流过表头造成严重过载(甚至损坏)。因此多量程分流器都采用图 3.3.2 所示的电路,以避免上述事故的发生。计算时按表头支路总电阻 $r'_0 = 2\,250\,\Omega$ 来设计,其中 r'_0 是一个"补足"电阻,数值视 r_0 大小而定。

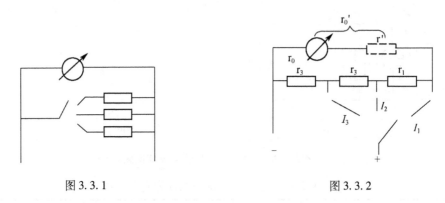

图 3.3.1　　　　　　　　　　　　　　　图 3.3.2

图 3.3.3 为实验万用表直流电流挡电路,采用环形分流器。

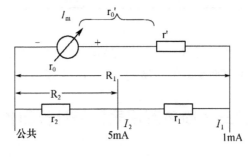

图 3.3.3

给表头参数 $I_m = 100\,\mu\text{A}$, $r'_0 = 2250\,\Omega$

由图 3.3.3 得知

90

$$I_m \cdot r'_0 = (I_1 - I_m)R_1$$

$$I_m(r'_0 + R_1) = I_1R_1$$

$$I_m = \frac{R_1}{(R_1 + r'_0)}I_1 \tag{3.3.1}$$

同理,得

$$I_m = \frac{R_2}{(R_1 + r'_0)}I_2 \tag{3.3.2}$$

合并式(3.3.1)和式(3.3.2)

$$\frac{R_2}{(R_1 + r'_0)}I_2 = \frac{R_1}{(R_1 + r'_0)}I_1$$

将 $r'_0 + R_1$ 消去有

$$I_1R_1 = I_2R_2 \tag{3.3.3}$$

现将已知数率据代入计算如下

$$R_1 = \frac{I_m r'_0}{(I_1 - I_m)}$$

$$R_1 = \frac{100 \times 10^{-6} \times 2250}{10^{-3} - 10^{-4}} = \frac{2250}{9} = 250\Omega$$

$$I_1R_1 = I_2R_2$$

$$R_2 = \frac{I_1}{I_2}R_1$$

$$R_2 = \frac{1}{5} \times 250 = 50\Omega$$

$$r_1 = 200\Omega$$

$$r_2 = R_2 = 50\Omega$$

2. 直流电压挡

图3.3.4为实验用万用表直流电压挡线路,给定表头参数同上。

$$I_m = 100\mu A, \quad r'_0 = 2250\Omega$$

先根据表头的满偏电流,计算出 Ω/V(每伏欧姆数),即

$$\Omega/V = \frac{1}{100\mu A} = \frac{10^6}{100} = 10k\Omega/V$$

下面计算 R_1 和 R_2,即

$$R_1 = 2.5V \times \frac{10k\Omega}{V} - r'_0 = 25k\Omega - 2250\Omega = 22.75k\Omega$$

$$R_2 = (10 - 2.5)V \times 10k\Omega/V = 75k\Omega$$

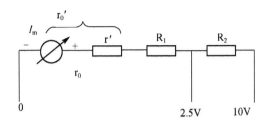

图 3.3.4

3. 交流电压挡

采用图 3.3.5 所示的半波或全波整流电路,整流器用晶体二极管。本实验采用半波整流,既省元件,线路又简单。

图 3.3.6 所示是一种交流电压挡线路,并联在表头上的电阻 R_s 用来增大整流器的电流以减少整流元件的非线性影响;D_2 用来减小在 D_1 不导电的半个周期内加到 D_1 上的反向电压以防止它的击穿。

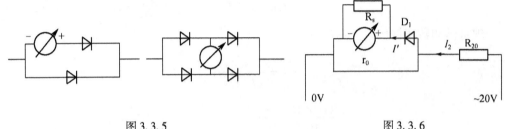

图 3.3.5   图 3.3.6

（1）R_s 的计算。若并联电阻 R_s 后流过 D_1 的电流为 $200\mu A$,此时 R_s 为

$$R_s = \frac{I_m r_0'}{I - I_m} = \frac{100 \times 2250}{200 - 100} = 2250\Omega$$

（2）由于流经表头的电流为直流,因此要换算成交流有效值 I_2,原表头并上 R_s 以后可以整体看成一只 $200\mu A$ 的满偏表头,再加上整流电路为半波整流电路,因此有效值与平均值之比为 2.22。因此有效值为

$$I_2 = \frac{200 \times 10^{-6}}{0.45} = 444.4\mu A$$

（3）计算 R_{20}。

$$R_{20} = \frac{20}{444.4} \times 10^6 - r_0 - R_正$$

式中:r_0 为 $200\mu A$ 表头的内阻,为 1125Ω;$R_正$ 为二极管 D_1 的正向导通电阻,按 500Ω 计算。则

$$R_{20} = \frac{20}{444.4} \times 10^6 - 1125 - 500$$

$$= 45004.5 - 1125 - 500$$

$$= 43.38k\Omega$$

92

4. 欧姆挡

（1）原理说明。电阻的测量是利用在固定电压下，将被测电阻串联到电路时要引起电路中电流改变这一效应来实现的，图3.3.7是一种最简单的欧姆表线路。

它是将一只磁电系测量机构（表头）配上限流电阻 R_b 和干电池（电势为 E）组合而成的，若表头的满偏电流为 I_m，内阻为 R_i，接入被测电阻 R_x 后流过表头的电流 I_x 可用下式表达，即

$$I_x = \frac{E}{(R_i + R_b) + R_x}$$

从这个公式可以看出，被测电阻 R_x 越小，则电路的电流 I_x 越大，反之则越小。因此通过表头的电流值即可间接反映 R_x 的大小。

当 $R_x = 0$ 时（即仪表端钮短路），流过表头的电流有最大值。适当选择限流电阻 R_b 的数值，使流过表头的最大电流刚好等于表头的满偏电流 I_m，即

$$I_m = \frac{E}{(R_i + R_b)}$$

R_b 的数值

$$R_b = \frac{E}{I_m} - R_i$$

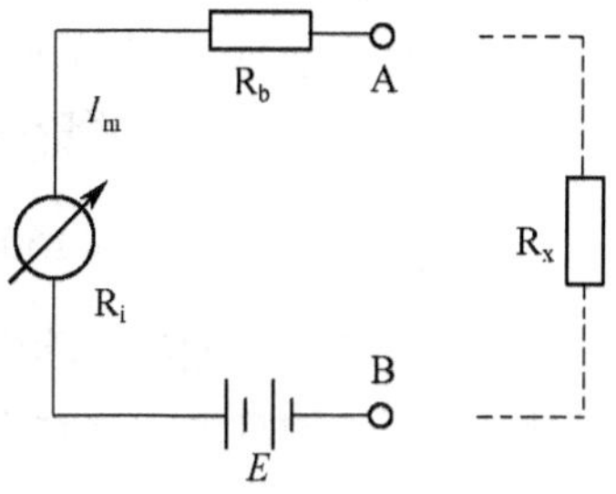

图 3.3.7

这时，指针的满偏转处刻度为 $R_x = 0$。

当 $R_x = \infty$（即仪表端钮开路），表头没有电流通过，仪表指针处在 0 处，此处则刻以 $R_x = \infty$，而从 $0 \sim \infty$ 之间的任何值都包括在这个刻度范围之内。即在这种线路中，表头的刻度尺改按欧姆来刻度，它具有反向的不均匀的刻度特性。

当被测电阻等于欧姆表的内阻（$R_i + R_b$）时，电表读数应恰好在刻度尺的中央，这一电阻刻度称为"中值电阻"。用 R_m 来表示，其大小可用下式计算，即

$$R_m = (R_j + R_b) = \frac{E}{I_m}$$

表面看来，从 $0 \sim \infty$ 之间的所有 R_x 值都包括在刻度范围以内，但实际上只有在 $\frac{1}{5}R_m \sim 5R_m$ 这一个范围内的电阻值，才能测得比较准确，而靠近刻度尺两端（即 0 与 ∞），测量准确度是很低的，而且不易读准。因此在使用欧姆表时，有必要选择合适的中值电阻（称为量程选择），以得到较准确的测量值。所以欧姆表量程的选择实际上是中值电阻的选择。

为了改变欧姆表的量程（即改变中值电阻的数值），通常的办法是给表头并联上一个分流电阻 R_s。

电阻挡可以单独设计自己的分流电路，也可以和电流挡共用一个环流分流电路，这样不但节省元件还能简化电路计算，不过这时要使用转换开关把"调零"电阻 R 接入电路，就增加了电路设计上的困难。采用这种方法，中值电阻值也不能任意选用了，它取决于电流挡量程数值和所用的电池电势 E 的大小。

（2）电路的选择与计算。图 3.3.8 所示为本实验采用的欧姆挡线路,表头的参数同前,即 $I_m = 100\mu A$, $r'_0 = 2250\Omega$,取 $E = 1.5V$。

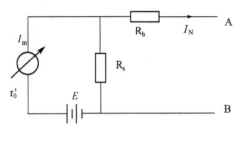

图 3.3.8

① 并入 R_s,使得表头电流满偏时仪表的灵敏度降低,从 A 端流出的电流 I_N 增大了,I_N 的增大使得从 A、B 两点看进去,仪表的总内阻较未并入 R_s 时降低了。

若取 $R_s = 250\Omega$,则测量机构部分变成为 1mA 的电流表,此时 $R_m = 1500\Omega$。

② $R_b = \dfrac{E}{I_N} - \dfrac{r'_0 R_s}{r'_0 + R_s} = 1500 - 225 = 1275\Omega$。

（3）计算欧姆刻度。欧姆表的刻度可以用计算的方法来刻度的,即可将原表头的刻度盘改为按欧姆刻度。这时需要计算 R_x 的各个值应该刻度在那些分格上,计算公式为

$$\alpha = \frac{R_m}{R_m + R_x}\alpha_m \quad （格）$$

式中:α_m 为刻度盘上满偏格数(设 $a_m = 50$ 格);R_m 为欧姆表的中值电阻值;R_x 为被测电阻值;α 为与 R_x 对应的刻度格数。

本实验中 $R_m = 1500\Omega$,表 3.3.1 所列为分度格数与 R_x 的关系。

表 3.3.1

R_x/Ω	0	100	200	300	500	700	1200	1500	1700
$\alpha/$格	50.0	46.9	44.1	41.7	37.5	34.1	27.8	25	23.4
R_x/Ω	2000	3000	5000	10k	20k				
$\alpha/$格	21.4	16.7	11.5	6.5	3.5				

5. 电表的校验

被校表的指示值 α_x 与标准表的实际值 α 之间的差值称为绝对误差 Δ,即

$$\Delta = \alpha_x - \alpha$$

将绝对误差加一个负号,这就是所谓的校正值 $c = -\Delta = \alpha - \alpha_x$。

在高准确度的电表中,常附有校正曲线,以便采取"加"校正值的方法来提高测量结果的准确度。

电表的准确度是由"准确级"来说明的。我国生产的电表的准确级分为 0.1、0.2、0.5、1.0、1.5、2.5 和 5.0 七级。准确度 α 的定义是

$$\alpha \geq 100\Delta m/\alpha_m$$

式中:Δm 是电表的最大绝对误差;α_m 是电表的量程。所以,α 值越小,准确度越高。校表时要求以下几点。

（1）标准表的准确级要比较表的准确度高两级,例如必须用 0.2 级标准表去校 1.0 级表,用 1.5 级标准表校 5.0 级表等。

（2）校验时要在指针偏转单向上升,然后单向下降的条件下进行,以便观察表头的摩擦情况。即上升时把被校表指针从零点调到正指主要分度(指有数字的分度),若指针调过了头,应该退回到零点重新上升。从最大值下降也一样,若调过了头,应退回到最大值点重新下降。在被校表的每一主要分度上读出标准表对应的度数,计算出校正值,即可制作校正曲线。以被校表读数为横坐标,以上升、下降两次校正值的平均值为纵坐标所绘曲线即为校正曲线。曲线上各点间应该以直线连成一折线。坐标比例尺应适合,以便应用。

三、实验设备

（1）电路分析实验箱一台。

（2）数字万用表一台。

四、实验内容与步骤

磁电系微安表头数据:满偏电流 $100\mu A$,内阻为 2250Ω,内阻可直接用万用表测量。由于购得的 $100\mu A$ 的微安表其内阻不一定是我们所需的 2250Ω,所以先在表头中串入一个可变电阻(可用实验箱右边的 $4.7k\Omega$ 的电位器),调节可变电阻的数值使得加上微安表的内阻 r_0 后其总阻值等于 2250Ω。然后将 $100\mu A$ 的表头连同所加的可变电阻作为一个整体接入电路内。

1. 直流电流挡

组成直流电流量程为 1/5mA 的电流表,并对其进行校验。

（1）按图 3.3.3 所示搭接成直流电流表,电阻 r_1 和 r_2 可在万用表电路区找到,$r_1 = 200\Omega$,$r_2 = 50\Omega = 20\Omega + 30\Omega$。

（2）校验。图 3.3.9 所示为直流电流表校验电路,图中带下标"0"的是标准表,带下标"X"的是被校表(图中电源 E 用直流稳压电源,电阻和电位器可用其他单元的元件)。

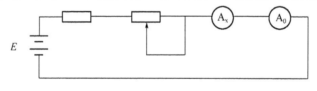

图 3.3.9

2. 直流电压挡

组成直流电压量程为 2.5V/10V 的电压表,并对其进行校验。

（1）按图 3.3.4 所示搭接线路,R_1、R_2 均可在实验箱中找到。

$$R_1 = 22.75k\Omega (= 22k\Omega + 750\Omega), \quad R_2 = 75k\Omega$$

（2）校验(图 3.3.10 为直流电压挡的校验电路,图中电源 E 用直流稳压电源)。
校验时注意以下几点。

① 先将指针的机械零点调准。

② 校验时只在被校表的主要刻度点(即标有数字的点)上读数。

3. 交流电压挡

组成交流电压量程为 20V 的电压表,并对其进行校验。

（1）按图 3.3.6 所示接线。

$$R_s = 2250\Omega\ (\ = 2.2k\Omega + 30\Omega + 20\Omega)$$

$$R_{20} = 43.38k\Omega\ (\ = 43k\Omega + 360\Omega + 20\Omega)$$

（2）按图 3.3.11 所示校验。

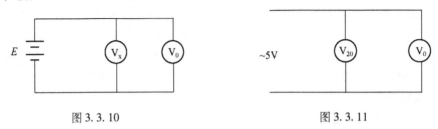

图 3.3.10　　　　　　　　　　　　　图 3.3.11

注意：由于实验箱中没有交流单相调压器，故可直接用实验箱上互感电路区的交流电压加在标准表和被校表两端，加以核对。

4. 欧姆挡

组成中值电阻为 1500Ω 的欧姆表，并对其进行校验。

（1）按图 3.3.8 所示接线，并对欧姆表进行刻度。

（2）欧姆刻度的核对。

五、实验报告要求

（1）总结使用欧姆挡的注意事项。

（2）做电流表的校验报告。

（3）做电压表的校验报告。

实验四　电阻温度计的制作

一、实验目的

（1）熟悉、掌握电桥测量电路的方法。

（2）了解非电量转为电量的一种实现方法。

（3）训练自行设计电路与制作、调试电路的能力。

二、实验原理

电桥测量电路如图 3.4.1 所示。b、d 两端电压为

$$U_{bd} = \frac{U_s(R_2 R_X - R_1 R_3)r_g}{r_g(R_1 + R_2)(R_X + R_3) + R_1 R_2(R_X + R_3) + R_X R_3(R_1 + R_2)}$$

设 r_g 为检流计内阻。若 r_g 远远大于桥臂电阻，上式可近似为

$$U_{bd} = \frac{R_2 R_X - R_1 R_3}{(R_1 + R_2)(R_X + R_3)}U_s$$

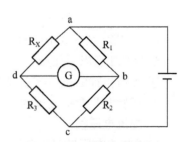

当 $R_1 R_3 = R_2 R_X$ 时，电桥达到平衡，检流计 G 指示为零。则当 $R_X \neq \dfrac{R_1 R_3}{R_2}$ 时，电桥平衡被破坏，就会有电流

图 3.4.1　电桥测量电路

96

流过检流计,且电流的大小随电阻 R_x 的变化而发生变化。利用这一特性可以制成各种仪器设备,如电阻温度计,这时 R_x 定义为热敏电阻,其阻值随温度的变化而变化,从而将温度(t)这一非电量转变为用电流(I)这一电量来表示。

三、实验设备

根据具体情况自选。

四、实验内容与步骤

R_x 为热敏电阻,制作电阻温度计。

(1)设计要求:用 100μA 电流表做温度显示器,使表头中"0"代表温度 0℃、"100"代表温度 100℃。

(2)根据热敏电阻 R_x 与温度的对应关系及设计要求,确定电路参数,画出电路图,改制、标定温度表刻度。

(3)根据设计的电路图及参数,制作电阻温度计。

(4)用水银温度计做标准,以一杯开水逐渐冷却的温度为测试对象,校验自制的温度计。

五、实验报告要求

(1)简述实验设计中各参数选取的依据,以及调试中遇到问题的解决思路和方法。

(2)绘出自制温度计的温度修正曲线。

(3)标出实验用仪器的型号规格。

(4)总结收获和体会。

实验五　单相电度表的检定

一、实验目的

(1)了解电度表的工作原理,掌握电度表的使用方法。

(2)掌握用功率表、秒表检定电度表准确度的办法。

(3)了解检定电度表灵敏度及潜动的方法。

二、实验原理

1. 单向电度表的基本结构

电度表是用来测量在一段时间内,电源发出多少电能或负载吸收多少电能的仪表。用于交流电能测量的电气机械式电度表是根据电磁感应原理制成的,属于感应系电度表。它在测量时要显示不断增加的被测电能的值,不能采用指针读数的方式,而必须采用一种"积算机构",将仪表可动部分的转数换算成被测电能的数值,并用数字显示出来。图 3.5.1 所示为单相电度表的结构示意图,它主要由驱动元件(电磁元件)、转动元件、制动元件和积算机构组成。

驱动元件主要包括电流部件 5 和电流部件 7。电流部件由电流铁芯和绕在铁芯上面的电流线圈组成,使用时电流线圈和负载串联,通过电流线圈的电流就是负载电流。电压部件由电压铁芯和绕在它上面的线圈组成,使用时电压线圈与负载并联,它两端的电压为负载电压。驱动元件的作用是:当电流线圈和电压线圈接入交流电路时,产生交变磁通,从而产生转动力矩,是电度表的转盘转动。

转动元件是电度表的可动部分。由铝制圆盘4(简称圆盘)和转轴1组成,转轴上装有传动转数的蜗杆8。转轴安装在上、下轴承里,可以自由转动。

制动元件是永久磁铁6。其作用是产生磁场,当铝盘转动时,切割磁力线产生制动力矩,使铝盘匀速转动。

积算机构由装在转轴上的蜗杆8、涡轮2、齿轮和计数装置3组成。当转盘转动时,通过蜗杆、涡轮和齿轮的传动,带动侧面标有0~9数字的滚轮转动,因此滚轮上的数字就可以反映出转盘的转数(图3.5.2)。但是,电度表积算器窗口所显示的数字并不是转盘的转数,而是经过累加了的被测电能的总"度数"。

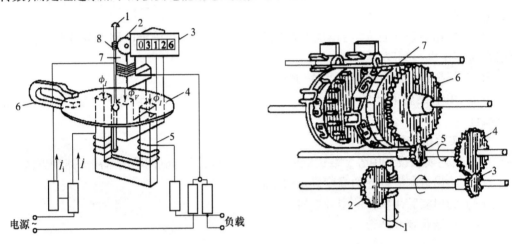

图3.5.1 单相电度表结构示意   图3.5.2 电度表计数装置

2. 单相电度表的工作原理

将电度表接入交流电路,电压线圈与电流线圈的交流电流将产生交变磁通,如图3.5.3所示。

穿过铝盘的磁通为一个电压主磁通 Φ_V 和两个电流主磁通 Φ_I 和 Φ'_I,这三个磁通在铝盘中分别感应出三个涡流。三个涡流与三个磁通相互作用产生转动力矩,驱使铝盘转动。铝盘转动的平均转矩与负载功率成正比,即 $M_P = K_1 P$。涡流与制动磁铁的磁场相互作用产生制动力矩,制动力矩与铝盘转速成正比,即 $M_T = K_2 \omega$。当 $M_P = M_T$ 时,铝盘保持匀速转动。此时,$P = \dfrac{K_2}{K_1}\omega = K\omega$。设测量时间为 T,并假定在这段时间里负载的功率保持不变,则有 $PT = K\omega T$,即 $W = Cn$。其中 W 是 T 时间内负载所消耗的电能,n 是 T 时间内转盘的转速,C 为比例常数。上式表明电度表的转数 n 正比于被测电能 W,因此利用计数装置记录其转数就可以确定电能。一般在电度表的铭牌上都标明每度电(1kWh)的对应转数。例如,"1950r/kWh"表示每千瓦小时的电能对应的铝盘转数为1950转。

3. 单相电度表的接线方法

单相电度表接线盒内有4个接线端子,从左向右编号分别为1、2、3、4。电压线圈的端子是1和3(4),1接火线(端线),3(4)接地线(中线),使电压线圈接在220V电压上。电流线圈的接线端子是1和2,端子1接电源侧火线,端子2接负载侧火线。所以可以记为火线1进2出,中线3进4出,如图3.5.4所示。

98

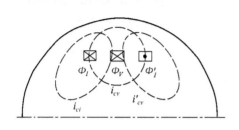

图 3.5.3 交变磁通与涡流

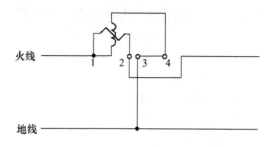

图 3.5.4 单相电度表接线图

几种错误接法及其结果表示如下。

（1）将火线误接为 2 进 1 出，电流线圈接反，电度表会出现反转现象。

（2）将火线和中线分别误接在 1 和 2 端，会烧坏电度表；或接在 3 和 4 端，造成断路事故。

（3）在端子 1 旁附有与 1 相连的电压线圈连接片，若该连接片断开，相当于断开了电压线圈，电度表停转。

4. 检定电度表准确度

可采用与标准电度表的比较法或功率表、秒表法。本实验采用后一种方法。实验线路如图 3.5.5 所示。

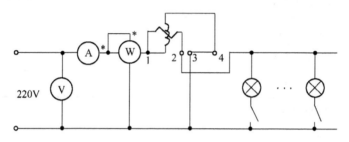

图 3.5.5 电度表检定电路

电度表计量的电能是通过积算机构的转盘转数来实现的。理论上电度表在 T 时间内的转数 n，功率表在 T 时间内纪录的平均功率 P 以及电度表常数 N 的关系为

$$N = PTN$$

式中：电度表常数表示该表每计量 1kWh 转盘的转数。

5. 灵敏度

灵敏度是电度表在额定电压、额定功率和负载功率因数 $\lambda = 1$ 的情况下，当负载电流从零增加到转盘开始转动时的最小电流与标定电流 I_b 的百分比。检定灵敏度的线路是将图 3.5.5 所示的实验电路中的白炽灯负载换成高阻滑线电阻器。检定方法是先将高阻滑线电阻器阻值调至最大，然后慢慢地尽可能均匀减小电阻值，直至电度表的转盘刚能连续不停地转动，记录此时的电阻及电阻两端电压，由欧姆定律计算出电流，此电流与标定电流的百分比即为电度表的灵敏度。

6. 潜动

潜动是当负载电流等于零时电度表仍有转动的现象。检定电度表的潜动时，先断开负载,即切断电度表的电流回路,调节调压器的输出电压为额定电压 $U_e = 220V$ 的 80% 和 110%,观察转盘是否转动,一般允许缓慢转动,只要在不超过一转的任一点上可以停止,那么电度表的潜动即为合格,否则为不合格。

三、实验设备

（1）工频交流电源一个。

（2）电度表、功率表、电压表、电流表各一块。

（3）白炽灯负载一只。

（4）高阻滑线变阻器一个。

（5）秒表一个。

四、实验内容与步骤

（1）检定电度表的准确度。检定线路如图 3.5.5 所示,其中负载可以选用普通白炽灯或高功率电阻,记录电度表常数 N。在检定过程中,要随时监视电压表、电流表以保证电度表工作在额定电压下、标定电流内。改变负载,记录相关的数据,填入表 3.5.1 中。

表 3.5.1

	负 载	$6 \times 40W$ 灯泡	$3 \times 40W$ 灯泡	$1 \times 40W$ 灯泡	电阻 $100\Omega/40W$
测试值	功率表读数 P/W				
	测定时间 T/s				
	电压表读数 U/V				
	电流表读数 I/A				
	电度表转数 n'				
计算值	计算转数 $n = PTN$				
	绝对误差 $n' - n$				
	相对误差 $\dfrac{n' - n}{n} \times 100\%$				

（2）电度表的灵敏度和潜动检定结果记录于表 3.5.2 中。

表 3.5.2

最小电阻	电阻电压	灵敏度电流 I	灵敏度 $I/I_b \times 100\%$	80% U_e 潜动	110% U_e 潜动

五、预习思考题

（1）了解电度表的基本结构和工作原理。

（2）怎样将单相电度表接入实际电路? 有哪些可能的错误接法,会造成什么样的后果?

（3）了解电度表的基本技术指标和一般的检定方法。

实验六　二阶电路的时域响应

一、实验目的

（1）进一步学习用示波器观察电路中时域响应的方法。

（2）学习用实验的方法来研究二阶动态电路的响应，了解电路元件参数对响应的影响。

（3）观察、分析二阶电路响应的三种状态轨迹及其特点，加深对二阶电路响应的认识与理解。

二、实验原理

（1）凡是可用二阶微分方程来描述的电路称为二阶电路，图 3.6.1 所示的线性 R、L、C 串联电路是一个典型的二阶电路，它可以用下述二阶线性常系数微分方程来描述

$$LC \frac{\mathrm{d}^2 u_\mathrm{C}(t)}{\mathrm{d}t^2} + RC \frac{\mathrm{d}u_\mathrm{C}(t)}{\mathrm{d}t} + u_\mathrm{C}(t) = u_\mathrm{S}(t)$$

初始值：$u_\mathrm{C} = (0_-) = U_0, \dfrac{\mathrm{d}u_\mathrm{C}(t)}{\mathrm{d}t}\bigg|_{t=0} = \dfrac{i_\mathrm{L}(0_-)}{C} = \dfrac{I_0}{C}$。

求解微分方程可以得出 $u_\mathrm{C}(t)$，利用 $i_\mathrm{C}(t) = C \dfrac{\mathrm{d}u_\mathrm{C}(t)}{\mathrm{d}t}$ 求得 $i_\mathrm{C}(t)$。

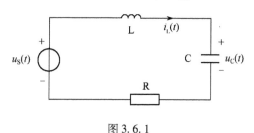

图 3.6.1

（2）R、L、C 串联电路零输入响应的类型与元件参数有关，设电容上的初始电压 $u_\mathrm{C}(0_-)$ 为 U_0，流过电感的初始电流 $i_\mathrm{L}(0_-)$ 为 I_0，定义衰减系数（阻尼系数）$\alpha = R/2L$，谐振角频率 $\omega_0 = 1/\sqrt{LC}$，则有以下定义。

① 当 $\alpha > \omega_0$ 即 $R > 2\sqrt{\dfrac{L}{C}}$ 时，响应是非振荡性单调衰减的，称为过阻尼情况。

② 当 $\alpha = \omega_0$ 即 $R = 2\sqrt{\dfrac{L}{C}}$ 时，响应是临近振荡的，称为临界阻尼情况。

③ 当 $\alpha < \omega_0$ 即 $R < 2\sqrt{\dfrac{L}{C}}$ 时，响应是衰减振荡的，称为欠阻尼情况，其衰减振荡角频率；

$$\omega_\mathrm{d} = \sqrt{\omega_0^2 - \alpha^2} = \sqrt{\frac{1}{LC} - \frac{R^2}{4L^2}}。$$

④ 当 $R = 0$ 时，响应是等幅振荡的，称为无阻尼情况，等幅振荡的频率即为谐振角频率 ω_0。

（3）对于欠阻尼情况，衰减振荡角频率 ω_d 和衰减系数 α 可以从响应波形中测算出来。

（4）对于图 3.6.1 所示的电路可以用两个一阶方程联立即状态方程来求解。

$$\begin{cases} \dfrac{\mathrm{d}u_{\mathrm{C}}(t)}{\mathrm{d}t} = \dfrac{i_{\mathrm{L}}(t)}{C} \\[3mm] \dfrac{\mathrm{d}i_{\mathrm{L}}(t)}{\mathrm{d}t} = -\dfrac{u_{\mathrm{C}}(t)}{L} - \dfrac{Ri_{\mathrm{L}}(t)}{L} - \dfrac{u_{\mathrm{S}}(t)}{L} \end{cases}$$

初始值：$u_{\mathrm{C}}(0_-) = U_0$，$i_{\mathrm{L}}(0_-) = I_0$。

其中，$u_{\mathrm{C}}(t)$ 和 $i_{\mathrm{L}}(t)$ 为状态变量，对于所有 $t \geqslant 0$ 的不同时刻，由状态变量在状态平面上所确定的点的集合，就叫做状态轨迹。用示波器的 $X-Y$ 工作方式，当 Y 输入 $u_{\mathrm{C}}(t)$ 的波形，X 输入 $i_{\mathrm{L}}(t)$ 波形时，适当调节 Y 轴和 X 轴的灵敏度，就可以在屏幕上呈现状态轨迹的图形，如图 3.6.2 所示。

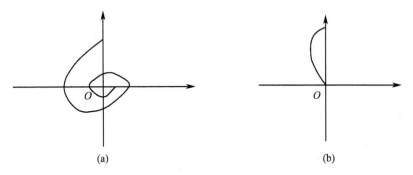

(a)   (b)

图 3.6.2

（a）零输入欠阻尼；（b）零输入过阻尼。

三、实验设备

（1）示波器一台。

（2）方波信号发生器一台。

（3）电阻、电感、电容元件。

四、实验内容与步骤

（1）实验线路如图 3.6.1 所示，改变电阻 R 的数值，观察方波激励下响应的过阻尼、欠阻尼和临界阻尼情况，并描绘出 $u_{\mathrm{C}}(t)$ 和 $i_{\mathrm{L}}(t)$ 的波形。

（2）将示波器置于 $X-Y$ 工作方式，观察并描绘上述各种情况下的状态轨迹。

（3）对欠阻尼情况，在改变电阻 R 时，注意衰减系数 α 对波形的影响，并用示波器测出一组 ω_{d} 和 α 值。

五、预习思考题

（1）当 R、L、C 电路处于过阻尼情况下，若再增加回路的电阻 R，对过渡过程有何影响？ 在欠阻尼情况下，若再减少 R，过渡过程又有何变化？ 在什么情况下电路达到稳态的时间最短？

（2）不做实验，能否根据欠阻尼情况下的 $u_{\mathrm{C}}(t)$、$i_{\mathrm{L}}(t)$ 波形定性地画出其状态轨迹？

（3）如果实验室没提供方波信号发生器，而提供了直流稳压电源和单刀双掷开关，能否观察到二阶电路的响应和零输入响应的波形？

六、实验报告要求

（1）把观察到的各个波形分别画在坐标纸上，并结合电路元件的参数加以分析讨论。

（2）根据实验参数计算欠阻尼情况下方波响应中 ω_{d} 的数值，并与实测数据相比较。

（3）回答预习思考题（1）。

实验七　感性负载断电保护电路的设计

一、实验目的
（1）掌握感性负载的工作特性，了解断电保护在工程上的意义。
（2）培养学生理论联系实际的能力。
（3）培养独立设计实验、撰写实验指导的能力。
（4）培养学生检索资料和初步的科学研究能力。

二、实验原理
（1）通常情况下，电感在换路时电流必须连续变化，不能发生跳变。由图3.7.1所示的简单感性负载工作示意图可见，感性负载在突然断电时，由于没有专门的续流电路，迫使电流通过理论上电阻无限大的空间续流，从而在电感两端产生很大的电压。

（2）断电保护电路是消除感性负载断电危险的一个有效措施，如图3.7.2所示。断电保护电路的设计原则是当负载正常工作时，保护电路不工作，对原电路尽量不产生影响。一旦负载断电，保护电路可提供一个感性负载的续流通路，保证电感两端不产生过高的电压，避免断电时发生危险。

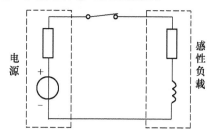
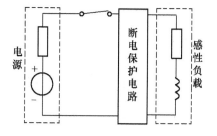

图3.7.1　简单的感性负载电路　　图3.7.2　带断电保护电路的感性负载电路

三、实验任务
（1）设计几种感性负载的断电保护电路，说明其断电保护的原理，比较彼此的差异。
（2）参考有关资料，选定实验方案，验证所设计的断电保护电路对感性负载的保护作用。

四、预习要求
（1）根据实验任务，复习所用的基本理论，确定设计的基本思想。
（2）画出设计线路，确定元件参数。
（3）提出所用的实验仪器仪表、电路元件及其他设备。
（4）拟定好实验数据的记录表格。

五、实验报告要求
（1）综述设计原理。
（2）给出实验测试报告。
（3）总结设计、实验体会。

实验八 互感电路观测

一、实验目的
(1) 学会互感电路同名端、互感系数以及耦合系数的测定方法。
(2) 理解两个线圈相对位置的改变,以及使用不同材料的线圈铁芯对互感的影响。

二、实验原理

1. 判断互感线圈同名端的方法

1) 直流法

如图 3.8.1 所示,当开关 S 闭合瞬间,若毫安表的指针正偏,则可断定 1、3 为同名端;指针反偏,则 1、4 为同名端。

2) 交流法

如图 3.8.2 所示,将两个绕组 N_1 和 N_2 的任意两端(如 2、4 端)接在一起,在其中的一个绕组(如 N_1)两端加一个低电压,用交流电压表分别测出端电压 U_{13}、U_{12} 和 U_{34},若 U_{13} 是两个绕组端电压之差,则 1、3 是同名端;若 U_{12} 是两绕组端电压之和,则 1、4 是同名端。

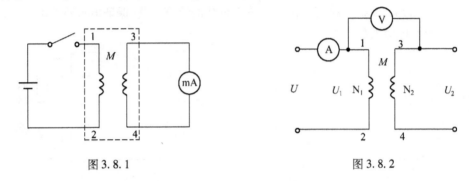

图 3.8.1   图 3.8.2

2. 两线圈互感系数 M 的测定

在图 3.8.2 所示的 N_1 侧施加低压交流电压 U_1,测出 I_1 及 U_2。根据互感电势 $E_{2M} \approx U_{20} = \omega M I_1$,可算得互感系数为

$$M = \frac{U_2}{\omega I_1}$$

3. 耦合系数 K 的测定

两个互感线圈耦合松紧的程度可用耦合系数 K 来表示, $K = \dfrac{M}{\sqrt{L_1 L_2}}$。先在 N_1 侧加低压交流电压 U_1,测出 N_2 侧开路时的电流 I_1;然后再在 N_2 侧加电压 U_2,测出 N_1 侧开路时的电流 I_2,求出各自的自感 L_1 和 L_2,即可算得 K 值。

三、实验设备
(1) 直流电压表、毫安表各一台。
(2) 交流电压表、电流表各一台。
(3) 互感线圈,铁、铝棒。
(4) 100Ω 3W 电位器,510Ω 8W 线绕电阻,发光二极管一只。

104

四、实验内容与步骤

（1）分别用直流法和交流法测定互感线圈的同名端。

① 直流法。实验线路如图3.8.3所示，将N_1、N_2同心式套在一起，并放入铁芯。U_1为可调直流稳压电源，调至6V，然后改变可变电阻器R（由大到小调节），使流过N_1侧的电流不超过0.4A（选用5A量程的电流表），N_2侧直接接入2mA量程的毫安表。将铁芯迅速地拔出和插入，观察毫安表正、负读数的变化，来判定N_1和N_2两个线圈的同名端。

② 交流法。按图3.8.4所示接线，将小线圈N_2套在线圈N_1中，N_1串接电流表（选0A~5A的量程）后接自耦调压器的输出，并在两线圈中插入铁芯。接通电源前，应首先检查自耦调压器是否调至零位，确认后方可接通交流电源，令自耦调压器输出一个很低的电压（约2V），使流过电流表的电流小于1.5A，然后用0V~20V量程的交流电压表测量U_{13}、U_{12}、U_{34}判定同名端。拆去2、4连线，并将2、3相接，重复上述步骤，判定同名端。

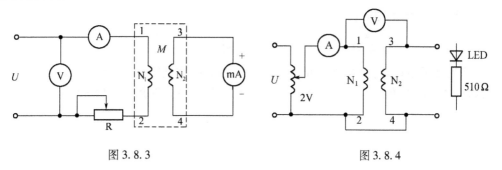

图3.8.3　　　　　　　　　　　　　　　图3.8.4

（2）按实验原理2的步骤，测出U_1、I_1、U_2，计算出M。

（3）将低压交流电压加在N_2侧，N_1开路，按步骤（2）测出U_2、I_2、U_1。

（4）用万用表的$R \times 1$挡分别测出N_1和N_2线圈的电阻值R_1和R_2。

（5）观察互感现象。

在图3.8.4所示的N_1侧接入LED发光二极管与510Ω电阻串联的支路。

① 将铁芯慢慢地从两线圈中抽出和插入，观察LED亮度的变化及各电表读数的变化并记录现象。

② 改变两线圈的相对位置，观察LED亮度的变化及仪表读数。

③ 用铝棒替代铁棒，重复①、②的步骤，观察LED的亮度变化，记录现象。

五、实验注意事项

（1）整个实验过程中，注意流过线圈N_1的电流不超过1.5A，流过线圈N_2的电流不超过1A。

（2）测定同名端及其他测量数据的实验中，都应将小线圈N_2套在大线圈N_1中，并行插入铁芯。

（3）如实验室备有200Ω 2A的滑线变阻器或大功率的负载，则可接在交流实验时的N_1侧。

（4）实验前，首先要检查自耦调压器，要保证手柄置在零位，因实验时所加的电压只有2V~3V。因此调节时要特别仔细、小心，要随时观察电流表的读数，不得超过规定值。

实验九   耦合电感研究

一、实验目的

（1）理解两个线圈相对位置的改变，以及用不同材料插入线圈中对互感系数的影响。

（2）掌握测定耦合电感同名端和互感系数的实验方法。

（3）观察负载变化对初级线圈的影响。

二、实验原理

（1）两个存在耦合的线圈（图3.9.1），当线圈 L_1 通有变化的电流时，在 L_2 中会有感应电压，其大小为

$$u_2 = M\frac{\mathrm{d}i_1}{\mathrm{d}t}$$

若施加正弦交流电流，则有

$$\dot{U}_2 = \mathrm{j}\omega M\dot{I}_1$$

式中：M 为互感系数，简称互感。互感的大小与线圈的物理结构、匝数、相对位置以及介质材料有关。M 具有互易性，当感应电流与互感电压的位置互换后，M 的大小不变。

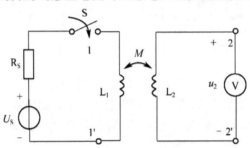

图3.9.1   耦合电感

感应电压的极性决定于两个线圈的绕向。可以用同名端的标记（ ＊ ）来识别。同名端的意义是：当两个端口的电流同时从同名端流入或流出时，两电流产生的磁通相互增强。用电压与电流的关系描述为：当端口电压的参考方向与该电压所在端口标 ＊ 的相对关系，同引起互感电压的电流的参考方向与该电流所在端口标 ＊ 的关系一致时，互感电压取正，否则取负。

（2）实验中可采用以下方法判定同名端、测定互感系数。

① 直流通断法：对于图3.9.1所示电路，在开关闭合的瞬间，若电压表正向偏转，则电源的正极与电压表正极所接的两个端子为同名端。

② 在线圈1-1′施加频率为 ω 的正弦激励，测出初级电流 I_1 和次级电压 U_2，由式 $\dot{U}_2 = \mathrm{j}\omega M\dot{I}_1$ 可计算出互感 M 的值，$M = U_2/\omega I_1$。

③ 用三表法判定互感元件的同名端和测定互感系数可同时完成。首先将互感元件按图3.9.2(a)、图3.9.2(b)两种方式串联，然后用三表法分别测量其等效电感。

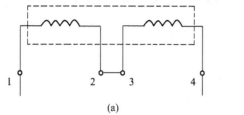 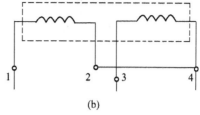

(a)   (b)

图 3.9.2 　互感的正向串联与反向串联

I_a 为图 3.9.2(a)接法时的等效电感，I_b 为图 3.9.2(b)接法时的等效电感。当 $L_a > L_b$ 时，表明图 3.9.2(a)所示为正向串联(异名端相接)。此时磁通相互增强，等效电感为

$$L' = L_1 + L_2 + 2M$$

图 3.9.2(b)为反向串联(同名端相接)，磁通部分抵消，等效电感为

$$L'' = L_1 + L_2 - 2M$$

端子 1 和端子 3 为同名端。若 $L_b > L_a$ 时，则端子 1 和端子 4 为同名端。互感为 $M = |I_a - L_b|/4$。这种测量互感的方法称为等效电感法。

(3) 当次级回路接有负载时，如图 3.9.3(a)所示，负载接入对初级的影响相当于在初级增加一个反映复阻抗 $Z'(= \omega^2 M^2 / Z_{22})$，如图 3.9.3(b)所示。

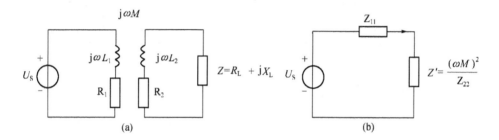

图 3.9.3 　次级回路对初级的影响

(a) 接有负载的耦合电感电路；(b) 次级负载对初级的影响。

式中：$Z_{11} = R_1 + j\omega L_1$，$Z_{22} = R_2 + j\omega L_2 + R_L + jX_L$。可见，当次级回路为感性时反映电抗呈容性，而次级回路为容性时反映电抗呈感性。

三、实验设备

(1) 两个电感线圈及可调支架。

(2) 交流电压表、交流电流表、功率表、直流电压表各一块。

(3) 磁棒两个、铝棒一个。

(4) 直流电压源、示波器各一台。

(5) 工频可调电源一个。

(6) 电阻、电感、电容元件。

四、实验内容与步骤

(1) 观察线圈相对位置和介质材料对互感的影响。实验线路如图 3.9.4 所示。改变

初、次级线圈之间的距离和角度，并在线圈内插入不同的介质材料，测量 U_1 和 U_2，记录于表 3.9.1 中，并根据式 $\dot{U}_2 = j\omega M\dot{I}_1$ 计算对应的互感系数 M。

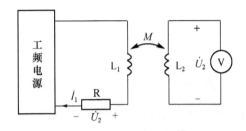

图 3.9.4　互感耦合特性的研究

（2）用直流通断法确定同名端。

（3）任选表 3.9.1 中的三种情况，用等效电感法测量其等效电感。自拟表格，记录测量数据并计算数据。

（4）选定表 3.9.1 中的一种情况，用三表法测定次级负载对初级的影响。

① 分别测定初级、次级线圈的自阻抗。

② 测定互感。

表 3.9.1　$R = \underline{\hspace{2cm}}$，$I_1 = U_1/R$

相对位置		平行间距 15cm		平行无间距		垂直无间距		次级套入初级		
介质变化		空心	磁棒	空心	磁棒	空心	磁棒	空心	铝棒	磁棒
测量值	U_1/V									
	U_1/V									
计算值	I_1/mA									
	M/mH									

（5）连接互感实验线路如图 3.9.5 所示。当次级短路、开路和分别接有 R、L、C 时，用三表法测量电压、电流和功率，分析次级负载对初级的影响。测量及计算数据填入表 3.9.2 中。

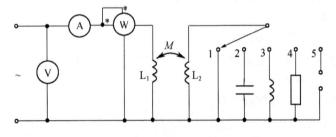

图 3.9.5　次级对初级影响的实验电路

表 3.9.2　次级负载对初级的影响

次级情况	测量数据			计算数据（初级）				
	U/V	I/A	P/W	$\lvert Z \rvert/\Omega$	λ	R/Ω	X/Ω	L/mH
开路								
接电容								
接电感								
接电阻								
短路								

五、预习思考题

（1）用直流通断法判断同名端时，将开关闭合和断开，判断的结果是否一致？

（2）定性分析两线圈的相对位置。介质变化对互感产生怎样的影响？

（3）熟悉实验任务中的各种实验线路。预习相关测量仪表的使用方法。

（4）分析次级负载对初级的影响。

六、实验报告要求

（1）解释实验步骤（1）中所观察的互感现象，说明两线圈的相对位置、介质变化对互感所产生的影响。

（2）完成表 3.9.1、表 3.9.2 的计算工作，分析计算结论。

（3）整理实验步骤（1）的测量与计算数据，与实验任务（1）的计算值做比较。

（4）根据实验步骤（4）的实验结果，分析次级负载对初级的影响。

实验十　回转器特性及并联谐振电路研究

一、实验目的

（1）掌握回转器的回转特性及回转常数的测量方法。

（2）测量回转器的基本参数。

（3）测试用模拟电感组成的并联谐振电路的特性。

二、实验原理

（1）理想回转器是一个二端口元件，如图 3.10.1 所示，它的端口电压、电流可用下列方程表示

$$\begin{cases} U_1 = -ri_2 \\ U_2 = ri_1 \end{cases} \quad 或 \quad \begin{cases} i_1 = gU_2 \\ i_2 = -gU_1 \end{cases}$$

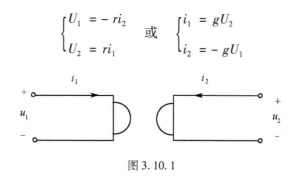

图 3.10.1

式中:g 和 r 称为回转电导和回转电阻,统称为回转常数,且 $r = \dfrac{1}{g}$。

（2）回转器有把一个端口中的电流"回转"为另一端口上的电压或相反过程的性质。正是由于这一性质,使回转器具有把一个电容（或电感）回转为一个电感（或电容）的本领。

若在图 3.10.1 的 2 – 2′端接一负载电容 C,则从 1 – 1′端看进去的导纳 Y_i 为

$$Y_i = \frac{\dot{I}}{\dot{U}} = \frac{g\dot{U}_2}{-\dot{I}_2/g} = -\frac{g^2 \dot{U}_2}{\dot{I}_2}$$

又因

$$\frac{\dot{U}_2}{\dot{I}_2} = -Z_L = -\frac{1}{j\omega C}$$

所以

$$Y_i = \frac{g^2}{j\omega C} = \frac{1}{j\omega L}, L = \frac{C}{g^2}$$

三、实验设备

（1）信号源一个。

（2）交流毫伏表一台。

（3）双踪示波器一台。

（4）电路分析实验箱一个。

四、实验内容与步骤

实验线路如图 3.10.2 所示。

（1）在图 3.10.2 的 2 – 2′端接纯电阻负载（电阻箱）,信号源频率固定在 1kHz,信号电压 2V。用交流毫伏表测量不同负载电阻 R_L 时的 U_1、U_2、U_{RL}、U_{RS},并计算相应的电流 I_1、I_2 和回转常数 G,记入表 3.10.1 中。

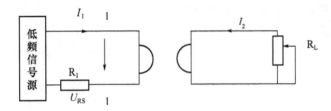

图 3.10.2

表 3.10.1

R_L/Ω	测量值		计算值				
	U_1/V	U_2/V	I_1/mA	I_2/mA	$G' = I_1/U_2$	$G'' = I_2/U_1$	$G = (G' + G'')/2$
500							
1k							

R_L/Ω	测量值		计算值				
	U_1/V	U_2/V	I_1/mA	I_2/mA	$G' = I_1/U_2$	$G'' = I_2/U_1$	$G = (G' + G'')/2$
1.5k							
2k							
3k							
4k							
5k							

（2）用双踪示波器观察回转器输入电压和输入电流之间的相位关系,按图 3.10.3 接线。在 2 - 2′端接电容负载,$C = 0.1\mu F$,观察 I_1 与 U_1 之间的相位关系,图中的 R_s 为电流取样电阻,因为电阻两端的电压波形与通过电阻的电流波形同相,所以用示波器观察 U_{RS} 上的电压波形就反映了电流 I_1 的相位。

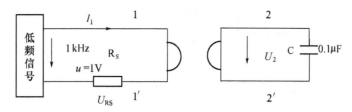

图 3.10.3

（3）用模拟电感做并联谐振实验。实验电路如图 3.10.4 所示,各元件值 $C_1 = 0.1\mu F$,$C_2 = 0.22\mu F$,$R = 2k\Omega$,信号源输出电压保持 $U_S = 1.5V$ 不变,改变频率(200Hz ~ 5000Hz),用毫伏表测出 U_C 的值,同时观察 U_C 与 U_S 的相位关系。

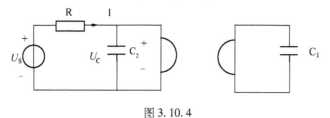

图 3.10.4

五、实验注意事项

（1）回转器的正常工作条件是 U、I 的波形必须是正弦波,为避免运算放大器进入饱和状态使波形失真,输入电压以不超过 2V 为宜。

（2）用示波器观察电压、电流波形时,注意公共端的选择,防止信号短路。

六、实验报告要求

（1）完成各项规定的实验内容。

（2）整理测量数据,计算有关参数,进行有关误差分析。

（3）从各实验结果中总结回转器的性质、特点和应用。

实验十一　负阻抗变换器

一、实验目的

（1）加深对负阻抗概念的认识,掌握对含有负阻的电路分析研究方法。

（2）了解负阻抗变换器的组成原理及其应用。

（3）学会负阻抗的测量方法。

二、实验原理

（1）负阻抗是电路理论中的一个重要基本概念,在工程实践中有广泛的应用。负阻的产生除某些非线性元件(如遂道二极管)在某个电压或电流的范围内具有负阻特性外,一般都由一个有源双口网络来形成一个等值的线性负阻抗。该网络由线性集成电路或晶体管等元件组成,这样的网络称为负阻抗变换器。

负阻抗变换器(简称 NIC)是一个二端口元件,它的符号如图 3.11.1 所示。

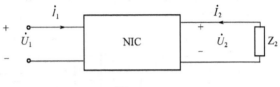

图 3.11.1

端口特性可以用下列 T 参数描述(运算形式)

$$\begin{bmatrix} \dot{U}_1 \\ \dot{U}_2 \end{bmatrix} = \begin{bmatrix} 1 & 0 \\ 0 & -K \end{bmatrix} \begin{bmatrix} \dot{U}_2 \\ -\dot{I}_2 \end{bmatrix}$$

式中:K 为正实常数。

从上式可以看出,输入电压 $\dot{U}_1$ 经过传输后成为 $\dot{U}_2$,但 $\dot{U}_1$ 等于 $\dot{U}_2$,因此电压的大小和方向均没有改变;但是电流 $\dot{I}_1$ 经传输后变为 $K\dot{I}_2$,且改变了方向。若在端口 2-2′接上阻抗 Z_2,如图 3.11.1 所示。从端口 1-1′看进去的输入阻抗 $Z_1 = \dfrac{\dot{U}_1}{\dot{I}_1} = \dfrac{\dot{U}_2}{K\dot{I}_2}$,因为

$\dot{U}_2 = -Z_2\dot{I}_2$,所以 $Z_1 = -\dfrac{Z_2}{K}$。

显然,输入阻抗 Z_1 是负载阻抗 Z_2 乘以 $\dfrac{1}{K}$ 的负值,这就是负阻抗变换器的功能。

（2）阻抗变换器元件($-Z$)和普通的无源 R、L、C 元件 Z' 做串、并联连接时,等值阻抗的计算方法与无源元件的串、并联计算公式相同,即对于串联连接,有 $Z_串 = -Z + Z'$;对于并联连接,有 $Z_并 = \dfrac{-ZZ'}{-Z + Z'}$。

（3）本实验用线性运算放大器组成如图 3.11.2 所示的电路,在一定的电压、电流范围内可获得良好的线性度。

根据运算放大器理论可知

$$\dot{U}_1 = \dot{U}_+ = \dot{U}_- = \dot{U}_2$$

又 $$\dot{I}_5 = \dot{I}_6 = 0 \qquad \dot{I}_1 = \dot{I}_3 \qquad \dot{I}_2 = -\dot{I}_4$$

因 $$Z_1 = \frac{\dot{U}_1}{\dot{I}_1} \qquad \dot{I}_3 = \frac{\dot{U}_1 - \dot{U}_3}{Z_1} \qquad \dot{I}_4 = \frac{\dot{U}_3 - \dot{U}_2}{Z_2}$$

$$\dot{I}_4 Z_2 = -\dot{I}_3 Z_1 \qquad -\dot{I}_2 Z_2 = -\dot{I}_3 Z_1$$

所以 $$\frac{\dot{U}_2}{Z_L} Z_2 = -\dot{I}_1 Z_1$$

$$\frac{\dot{U}_2}{\dot{I}_1} = \frac{\dot{U}_1}{\dot{I}_1} = -\frac{Z_1}{Z_2} Z_L = -KZ_L$$

当 $Z_1 = R_1 = 1\text{k}\Omega, Z_2 = R_2 = 300\Omega$ 时, $K = \dfrac{Z_1}{Z_2} = \dfrac{R_1}{R_2} = \dfrac{10}{3}$。

若 $Z_L = R_L$ 时, $Z_1 = -KZ_L = -\dfrac{10}{3} R_L$。

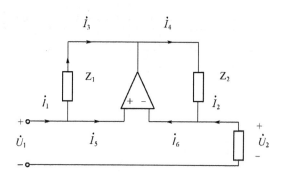

图 3.11.2

三、实验设备

（1）信号源一个。

（2）直流电压表一台。

（3）交流毫伏表一台。

（4）双踪示波器一台。

（5）恒压源一个。

（6）电路分析实验箱一个。

（7）数字万用表一台。

四、实验内容与步骤

（1）测量负电阻的伏安特性,计算电流增益 K 及等值负阻。实验线路如图 3.11.3 所示。

① 调节负载电阻箱的电阻值,令 $R_L = 300\Omega$。

② 令直流稳压源的输出电压在（0V ～ 1V）范围内的不同值时分别测量输入电压 U_1 及输入电流 $I_1\left(I_1 = \dfrac{U_{R1}}{R_1} \right)$,数据记入表 3.11.1 中。

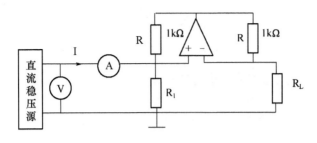

图 3. 11. 3

③ 令 $R_L = 600\Omega$，重复上述测量过程。

表 3. 11. 1

	U_1/V	0.1	0.2	0.3	0.4	0.5	0.6	0.7	0.8	0.9	1
$R_L = 300\Omega$	I_1/mA										
	$U_{1平均}$										
	$I_{1平均}$										
	U_1/V	0.1	0.2	0.3	0.4	0.5	0.6	0.7	0.8	0.9	1
$R_L = 600\Omega$	I_1/mA										
	$U_{1平均}$										
	$I_{1平均}$										

④ 计算等效负阻。

实测值为

$$R_- = \frac{U_{1平均}}{I_{1平均}}$$

理论计算值为

$$R_- = -KZ_L = -\frac{10}{3}R_L$$

⑤ 绘制负阻的伏安特性曲线，$U_1 = f(I_1)$。

（2）负阻抗元件与普通无源元件并联连接。

① 按图 3. 11. 4 实验线路接线。

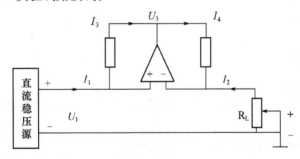

图 3. 11. 4

② 测出对应的 U、I 值，并计算并联后的总阻抗，将数据记录于表 3. 11. 2 中。

114

③ 验证负载元件($-Z$)和普通的无源 R、L、C 元件 Z 做串、并联连接时,等值阻抗的计算方法与无源元件的串、并联计算公式相同。

表 3. 11. 2

R_1		∞	5kΩ	1kΩ	700Ω	400Ω	200Ω	100Ω
U/V								
I/mA								
等效阻抗(Ω)	测量值							
	理论值							

（3）设计用两个负阻抗变换器实现回转器电路,参数自选。

五、实验注意事项

（1）有源器件的直流电源不能接错。

（2）整个实验中应使 U_1 为 0V ~ 1V。

（3）防止运算放大器输出端短路。

六、实验报告要求

（1）完成计算与绘制特性曲线。

（2）从实验结果中总结对负阻抗变换器的认识。

（3）心得体会及其他内容。

实验十二　音频分频网络的设计与调试

一、实验目的

（1）通过实验了解集成运算放大器在滤波电路中的应用。

（2）掌握低通滤波器和高通滤波器的工作原理。

（3）掌握幅频特性的测试方法。

（4）掌握滤波器的理论设计。

（5）体会调试方法在电路设计中的重要性。

二、实验题目

设计一个低通、高通滤波器,以 $f_0 = 1000\text{Hz}$ 为界对一组不同频率(频率:20Hz ~ 20kHz)的正弦信号分频,按 10×2^n($n = 1, 2, 3\cdots$)取频率,自选集成运算放大器。

三、实验内容与要求

（1）写出设计报告,列出元器件清单。

（2）组装、调整分频电路,使电路以 $f_0 = 1000\text{Hz}$（$f_0 = \dfrac{1}{2\pi C}$）为界进行分频输出。

（3）当输出波形稳定且不失真时,测量输出电压的幅值。检验电路是否满足设计指标,若不满足,需调整设计参数,直至达到设计要求为止。

（4）调整信号源频率。分别记录不同频率下两滤波器的输出幅值。

（5）绘出输入、输出波形图及输出的幅频特性图。

第 4 章　仿真实验

实验一　用 Multisim 进行伏安特性的仿真

一、实验目的
(1) 初步了解计算机仿真设计软件 Multisim10.0 的工作流程。
(2) 根据仿真实验要求,学会应用 Multisim10.0 创建电路。
(3) 掌握在 Multisim10.0 中调用测试仪器及用测试仪器测试电路的方法。

二、实验原理
元件的特性可用其端电压 U 与通过它的电流 I 之间的函数关系来表示,这种 U 与 I 的关系称为元件的伏安特性关系。如果将这种关系表示在 U - I 平面上,则称为伏安特性曲线。具体元件的伏安特性参见前面实验内容。

三、仿真实验例题
例题:在 Multisim10.0 环境下测定 $2k\Omega$ 电阻的伏安特性。

1. 采用伏安法
在 Multisim10.0 中画好电路原理图,如图 4.1.1 所示。注意图中的 U_1 是电压表,U_2 是电流表,都在"指示元器件库"中,仿真电路必须有接地点。

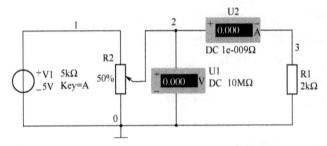

图 4.1.1　伏安法测定电阻伏安特性实验电路

按下键盘"A"键,可以将可调电阻增大,按"Shift + A"键,可以将可调电阻减小,例如把 R_2 调到 0%,,电阻 R_1 上电压为 0V。可以双击可调电阻 R_2 设定增量(默认为 50%),也可重新设定控制热键,默认为"A",如图 4.1.2 所示。

激活仿真,按下键盘上的"A"键,逐步增加 R2 的值即可观察到电压、电流的线性变化情况,如图 4.1.3 所示。

2. 直流扫描法
直流扫描分析的目的是观察直流转移特性。当输入直流量在一定范围内变化时,分析相应输出量的变化情况。此时不再使用可调电阻,如图 4.1.4 所示。

启动模拟程序,单击 Simulate→Analysis 命令,弹出 DC Sweep Analysis 对话框,分别设

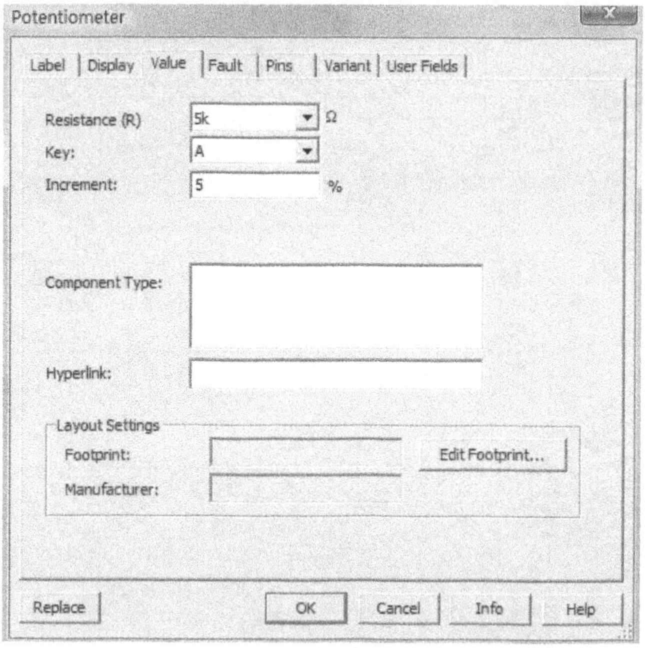

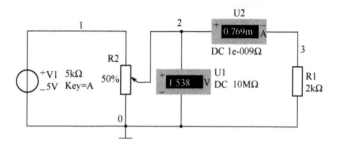

图 4.1.2 设定可调电阻增量及重新设定控制热键

图 4.1.3 电阻 R_1 上的电压、电流线性变化情况

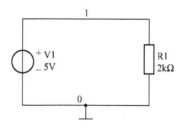

图 4.1.4 直流扫描法测定电阻伏安特性实验电路

置输入直流电压源、步长、扫描初值和终值,如图 4.1.5 所示。

在 Output 选项卡中,设置输出变量。选择 R1 上电压即节点 1 为输出,如图 4.1.6 所示。

单击 Simulate 按钮开始仿真,得到如图 4.1.7 所示的分析结果,但纵坐标是电压,不是电流,因为 Multisim 直流扫描分析不能设置输出结果为电流,可以用后处理器来得到电流输出。

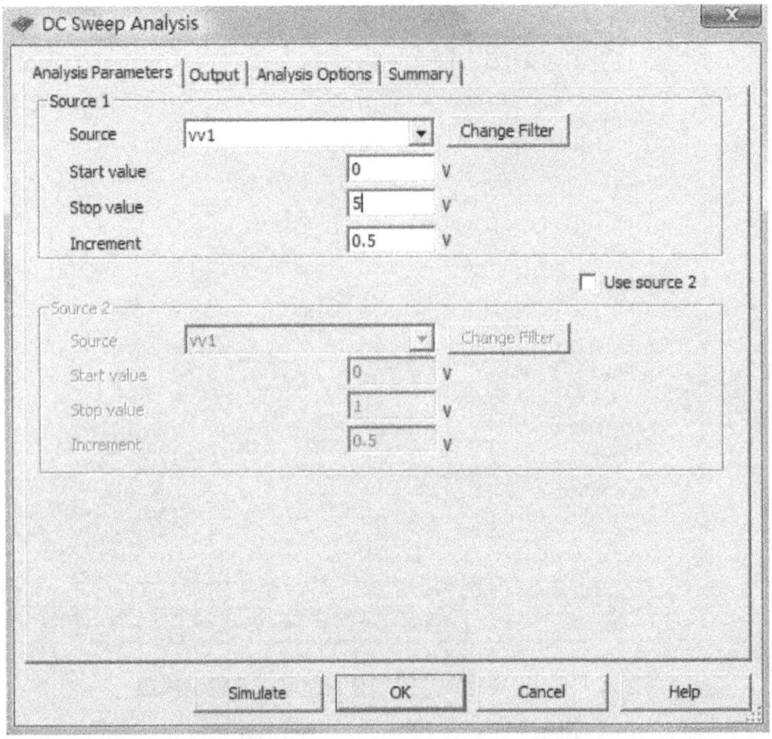

图 4.1.5 DC Sweep Analysis 对话框

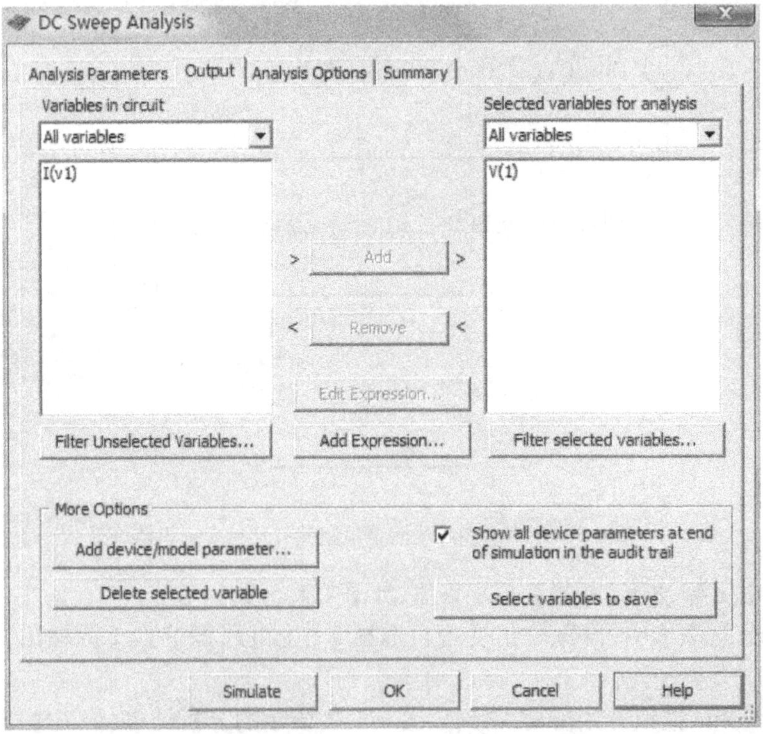

图 4.1.6 设置输出变量

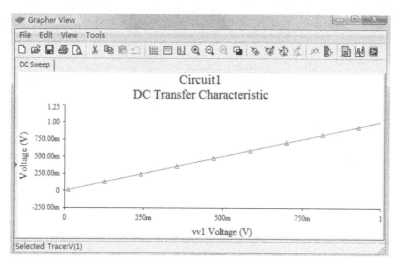

图 4.1.7　直流扫描分析输出结果

选择 Simulate→Postprocessor 命令,把输出节点的电压值除以 2000,则可以得到输出电流值,如图 4.1.8 所示。

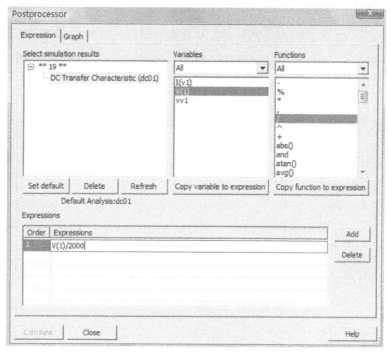

图 4.1.8　设置输出结果

再选择 Graph 选项卡,设置输出图形,如图 4.1.9 所示。

单击 Calculate 按钮得到处理后的伏安特性曲线,此时纵坐标名称仍然是 Voltage (V),但单位已经变为电流单位,单击 图标将纵坐标名称改为 Current(mA),即可得到最终结果,如图 4.1.10 所示。

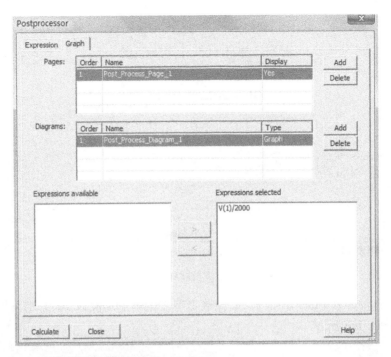

图 4.1.9　设置输出图形

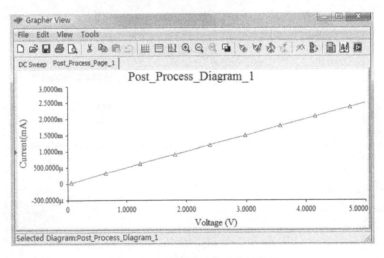

图 4.1.10　处理后的伏安特性曲线

四、实验任务

按实验例题的操作步骤,仿真计算电阻、半导体二极管、稳压二极管的伏安特性。

五、预习与思考

(1) 阅读第 5 章的有关内容。

(2) 线性电阻与非线性电阻的概念是什么? 电阻器与二极管的伏安特性有何区别?

六、实验报告要求

(1) 总结在 Multisim10.0 环境下编辑电路图的基本步骤,写出注意事项。

(2) 仿真计算出实验任务所要求的实验报告,完成实验任务提出的要求。

（3）总结实验体会。

实验二　用 Multisim 对叠加、戴维南定理的仿真验证

一、实验目的

（1）学习计算机仿真设计软件 Multisim10.0 的使用。

（2）学习 Multisim10.0 建立电路和直流电路的分析方法。

（3）掌握在 Multisim10.0 中调用测试仪器及用测试仪器测试电路的方法。

（4）通过实验,加深对叠加定理和戴维南定理的理解。

二、仿真实验例题

注意:要仿真,电路必须要接地。

例题1:实验电路如图4.2.1所示,完成表4.2.1中各项内容,根据表格验证叠加定理及齐性定理。仿真实验操作如下。

（1）按图4.2.1所示在 Multisim10.0 环境下编辑电路。注意,为了方便仿真,可以双击单刀双掷开关,在 Value 对话框内改变控制开关的键盘字母。

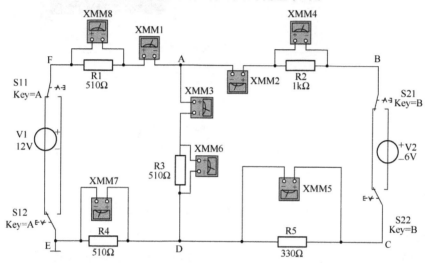

图 4.2.1　叠加定理仿真电路图

（2）启动模拟程序,单击 Simulate→run 命令或单击仿真开关图标 ▶ 运行电路,双击万用表就可得到相应支路的电压或电流。完成表4.2.1中相关内容。

表 4.2.1

测量项目 ＼ 实验内容	I_1/mA	I_2/mA	I_3/mA	U_{AB}/V	U_{CD}/V	U_{AD}/V	U_{DE}/V	U_{FA}/V
E_1 单独作用	8.642	-2.395	6.246	2.395	0.79	3.186	4.407	4.407
E_2 单独作用	-1.198	3.593	2.395	-3.593	-1.186	1.222	-0.610	-0.610
E_1、E_2 共同作用	7.444	1.198	8.642	-1.198	-0.395	4.407	3.796	3.796
$2E_2$ 单独作用	-2.395	7.186	4.79	-7.186	-2.371	2.443	-1.222	-1.222

例题2:实验电路如图4.2.2所示,用戴维南定理求解 R_4 中的电流及 R_4 两端的电压。仿真实验操作如下。

(1) 按图1.2.2所示在 Multisim10.0 环境下编辑电路。

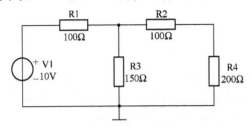

图4.2.2 戴维南定理仿真电路图

(2) 启动模拟程序,单击 Simulate→run 命令或单击仿真开关图标 ▷ 运行电路,双击万用表可得通过 R_4 的电流及其两端电压,如图4.2.3所示。

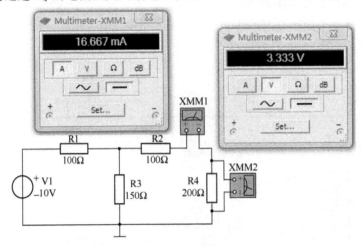

图4.2.3 通过负载的电流及两端的电压值

此时通过电阻 R_4 的电流为 16.667mA,其两端电压为 3.333V。

(3) 断开负载电阻 R_4,用万用表或电压表测量原来负载电阻 R_4 的电压 U_{OC},如图4.2.4所示。

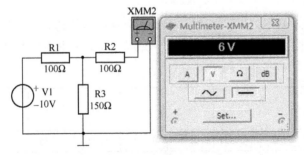

图4.2.4 测量开路电压

(4) 测量计算戴维南等效电路内阻 R_0。直接测量法(不含受控源时使用):将直流电压源用导线替换掉,用万用表测原 R_4 两端的电阻,测量结果为 160Ω,如图 4.2.5 所示。

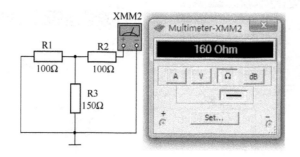

图 4.2.5　万用表直接测量电阻

间接测量法:将电阻 R_4 短路,用万用表或电流表测量 a、b 端口的短路电流,如图 4.2.6 所示,将数据填入表 4.2.2 内,计算出等效电阻 R_0。

表 4.2.2

U_{OC}/V	I_{SC}/mA	$R_0 = U_{OC}/I_{SC}/\Omega$
6	37.5	160

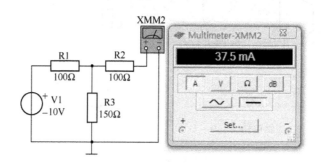

图 4.2.6　间接测量电阻

(5)戴维南定理验证如图 4.2.7 所示。

根据结果可知前后步骤测量的两组数字基本一致,从而验证了戴维南定理的正确性。

三、实验任务

(1)按实验例题的操作步骤,仿真计算例题电路(图 4.2.1 和图 4.2.2),验证该实验例题的结论。

(2)在 Multisim10.0 中绘制图 4.2.8 所示电路,并用叠加定理原理仿真计算电路中的支路电流 I 及 I_x。

(3)在 Multisim10.0 中绘图如 4.2.9 所示电路,求其戴维南等效电路。

(4)重新建立一仿真电路,验证齐性定理及诺顿定理。

四、实验报告要求

(1)总结在 Multisim10.0 环境下编辑电路图的基本步骤,写出注意事项。

(2)完成实验任务提出的要求。

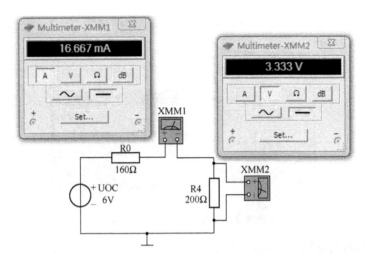

图 4.2.7　戴维南定理验证电路图

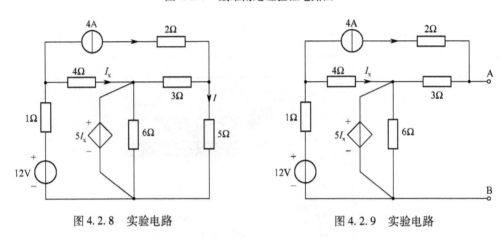

图 4.2.8　实验电路　　　　　　　　　图 4.2.9　实验电路

实验三　用 Multisim 进行电路的时域分析

一、实验目的

（1）掌握用 Multisim10.0 中虚拟示波器测试电路时域特性的方法。

（2）研究一阶电路和二阶电路的方波响应,以及电路参数对响应的影响。

二、实验原理

由动态电路(储能元件 L、C)组成的电路,当其结构或元件的参数发生改变时,如电路中电源或无源元件的断开或接入、信号的突然接入等,都可能使电路改变原来的工作状态,而变成另一种工作状态,其过程的具体分析参见前面实验所述。

三、实验任务

1. 研究 RC 电路的方波响应

（1）如图 4.3.1 所示,激励信号为方波,取信号源(Source)库中的时钟信号(Clock),其幅值即 Voltage 参数的值为,频率为 0.5Hz。

（2）启动模拟程序,展开示波器面板。触发方式选择自动触发(Auto),设置合适的 X

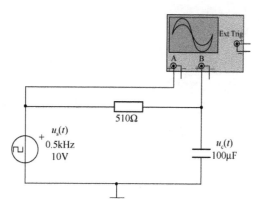

图 4.3.1　RC 电路的方波响应

轴刻度、Y 轴刻度。调节电平(Level),使波形稳定。

(3)观察 $u_c(t)$ 波形,测试时间常数 τ。通道 B 的波形即为 $u_c(t)$ 的波形。为了能较为精确地测试出时间常数 τ,应将要显示波形的 X 轴方向扩展,即将 X 轴刻度设置减小,如图 4.3.2 所示。将鼠标指向读数游标的带数字标号的三角处并拖动,移动读数游标的位置,使游标 1 置于 $u_c(t)$ 波形的零状态响应的起点,游标 2 置于 $VB_2 - VB_1$ 读数等于或者非常接近于 6.32V 处,则 $T_2 - T_1$ 的读数即为时间常数 τ 的值。

(4)改变电路参数,分别令 $R = 10k\Omega$,$C = 0.01\mu F$ 及 $R = 10k\Omega$,$C = 0.022\mu F$ 观察 $u_c(t)$ 的变化。

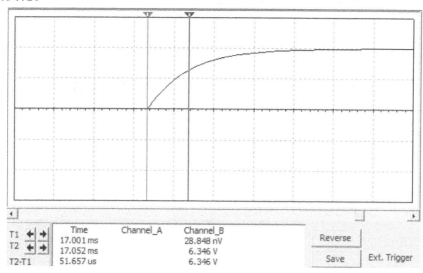

图 4.3.2　测量 τ 所对应的波形图

2. 积分电路和微分电路测试

(1)按图 4.3.3 和图 4.3.4 所示分别建立积分、微分电路。输入信号取幅值为 10V 的时钟信号(Clock),其频率根据电路的性质及参数分别选取。

(2)启动模拟程序,用示波器(Oscilloscope)观察 $u_s(t)$、$u_o(t)$ 波形。

3. 研究二阶 RLC 串联电路的方波响应

(1)按图 4.3.5 所示建立电路。激励信号取频率为 2.5kHz 的时钟信号(Clock)。

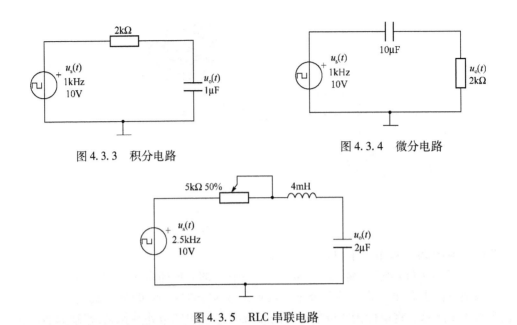

图 4.3.3　积分电路

图 4.3.4　微分电路

图 4.3.5　RLC 串联电路

（2）启动模拟程序，按"A"键调节电位器 R 的值，用示波器（Oscilloscope）观察过阻尼、临界阻尼和欠阻尼三种情况下的方波响应 $u_o(t)$，并记录下临界阻尼时的电位器 R 的值。

（3）用示波器测量欠阻尼情况下响应信号的衰减振荡周期 T_d，计算出振荡角频率 w_d 和衰减系数 α。

（4）按图 4.3.6 所示建立电路，激励信号仍取频率为 2.5kHz 的方波。

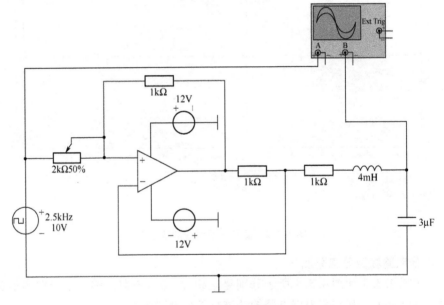

图 4.3.6　RLC 串联电路

（5）启动模拟程序，按"A"键调节电位器 R 的值，用示波器观察无阻尼情况下的等幅振荡波形 $u_c(t)$，并测试出其振荡周期 T_0，计算出振荡角频率 w_0。

126

4. 状态轨迹的测试

（1）建立电路如图 4.3.7 所示。激励信号取频率为 2.5kHz 的方波。

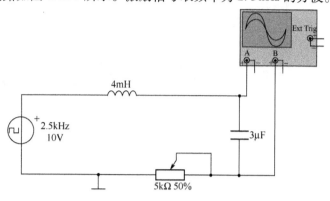

图 4.3.7　状态轨迹的测试

（2）启动模拟程序，调节电位器 R 的值，用示波器观察过阻尼、临界阻尼和欠阻尼三种情况下 $u_c(t)$ 与 $i(t)$ 间的相位关系，即示波器的显示方式选择 A/B 显示方式，则示波器显示的图形为所要测试的状态轨迹。

四、注意事项

用虚拟示波器测试过程中，如果波形不易调稳，可以用 Multisim10.0 主窗口上方的暂停图标 ■ ，使波形稳定；但当改变电路参数再观察波形时，应重新启动模拟程序。

实验四　用 Multisim 进行直流电路的仿真分析

一、实验目的

（1）初步了解电路计算机仿真设计软件 Multisim10.0 的工作流程。

（2）根据仿真实验要求，学会应用 Multisim10.0 编程电路，设置分析类型和分析输出方式，进行电路的仿真分析。

二、仿真实验例题

1. 任务

（1）应用 Multisim10.0 求解图 4.4.1 所示电路各节点电压和各支路电流。

（2）在 0V ~ 12V 范围内，调节电压源 V_{s1} 的源电压，观察某一节点电压（如 V_{n2}）的变化情况。

2. 操作步骤

（1）按图 4.4.1 所示在 Multisim10.0 环境下编辑电路，包括区元件、输入参数、连线和设置节点。注意：电路中必须设置接地符表示零节点。

（2）启动模拟程序，设置电压源 V_{s1} 的电压是 12V 时的相关支路的电流和节点电压值，执行 Simulate→Analysis→DC Operating Point Analysis 命令进行静态分析，即可求出电路各节点电压和各支路电流，如图 4.4.2 所示。

（3）为了观察电压源变化对输出的影响，将分析类型设置为 DC Sweep Analysis，设置节点电压标识符获取输出曲线。执行 Simulate→Analysis→DC Operating Point Analysis 命

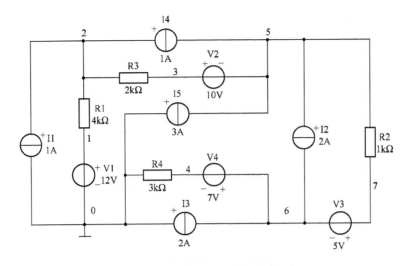

图 4.4.1 直流电路实验电路例题

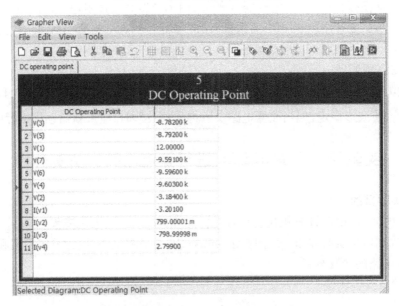

图 4.4.2 例题电路的直流工作点及各节点电压和各支路电流

令,观察某一节点电压如 V_{n2},仿真结果如图 4.4.3 所示。

三、实验任务

(1) 按实验例题的操作步骤,仿真计算例题电路(图 4.4.1),验证该实验例题的结论。

(2) 仿真计算图 4.4.4 所示电路的各结点电压和各支路电流;在 0V ~ 10V 范围内,调节电压源 V_1 的源电压,观察节点电压如 V_{n2} 的变化情况。

(3) 分析图 4.4.5 所示电路,其中电流控制电压源的转移电导为 0.125S。求出各节点电压和支路电流;在 $-8A \sim 8A$ 之间调节电流源 I_1 的电流,观察节点电压 V_{n3} 的变化情况。

128

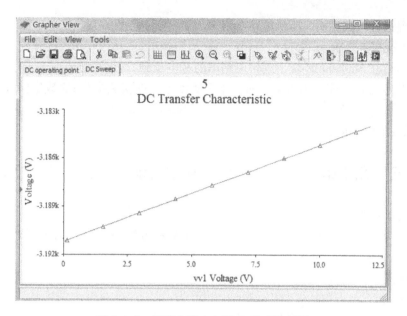

图 4.4.3　例题电路中电压 V_{n2} 的变化情况

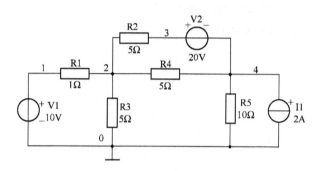

图 4.4.4　实验电路

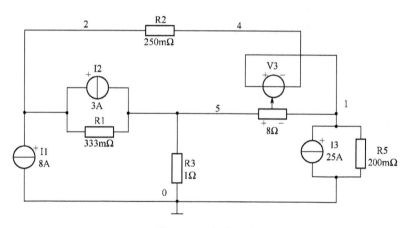

图 4.4.5　实验电路

四、预习与思考

（1）阅读第 5 章相关内容。

（2）理论计算图 4.4.4 和图 4.4.5 所示电路的支路电流和节点电压。

（3）理论分析图 4.4.5 所示电路电阻 R_1 的电流与 I_1 的关系。

五、实验报告要求

（1）总结在 Multisim 环境下编辑电路图的基本步骤，写出注意事项。

（2）做出仿真计算图 4.4.4 和图 4.4.5 所示电路的实验报告，完成实验任务提出的要求。

（3）总结实验体会。

实验五　用 Multisim 对含有运算放大器的直流电路仿真分析

一、实验目的

掌握用 Multisim10.0 编辑含有运算放大器电路的方法，根据实验要求，设置分析类型和分析输出方式，进行电路的仿真分析。

二、仿真实验例题

1. 任务

（1）应用 Multisim10.0，求解图 4.5.1 所示电路中电阻 R_1、R_2 的电流和输出电压 V_3。

（2）在 0V ~ 3V 范围内，调节电压源 V_1 的源电压，观察输出电压 V_3 的变化。总结 V_3 与 V_1 之间的关系。确定该电路电压比（V_3/V_1）的线性工作区。

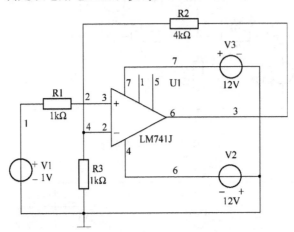

图 4.5.1　含运算放大器直流电路的实验例题

2. 操作步骤

（1）按图 4.5.1 编辑电路。其中运算放大器选取 LM741J。注意，维持运算放大器正常工作需要两个偏置电源。

（2）启动模拟程序，设置电压源 V_1 的电压是 1V 时的相关支路电流和节点电压值，执行 Simulate→Analysis→DC Operating Point Analysis 命令进行静态分析，即可求出电路各节点电压和各支路电流，如图 4.5.2 所示。

（3）为了观察电压源变化对输出的影响，分析类型设置为 DC Sweep Analysis，设置节点电压标识符获取输出曲线。执行 Simulate→Analysis→DC Operating Point Analysis 命令，观察节点电压 V_3，仿真结果如图 4.5.3 所示。

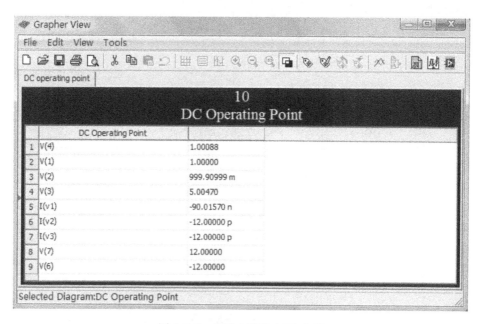

图 4.5.2　实验电路的电压、电流

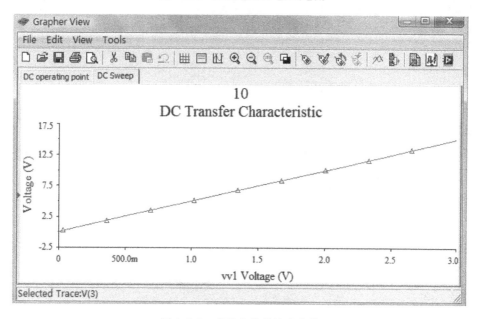

图 4.5.3　实验电路的输出曲线

三、实验任务

（1）仿真分析实验例题电路（图 4.5.1）。验证给出的仿真结论。

（2）仿真分析图 4.5.4 所示电路。在 0V～3V 范围内，调节电压源 V_1 的源电压，观察输出电压 V_{n4} 的变化。总结 V_{n4} 与 V_1 之间的关系。总结此电路的线性工作区。

四、实验报告要求

（1）写出实验电路（图 4.5.4）的编辑报告，总结编辑注意事项。

（2）总结仿真计算的结论，综述图 4.5.4 所示电路的工作性能。

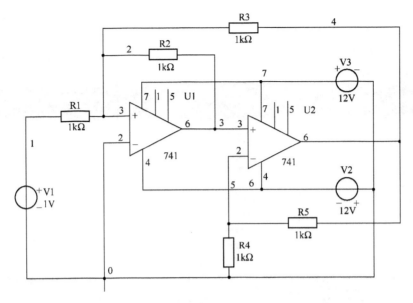

图 4.5.4　实验电路

实验六　用 Multisim 进行双口网络参数的测试

一、实验目的

(1) 加深对双口网络基本理论的理解。

(2) 掌握用 Multisim10.0 对双口网络参数的测试方法。

二、仿真实验例题

例题:求如图 4.6.1 所示二端口网络的 Z 参数、Y 参数、T 参数,其中 $Z_1 = 2\Omega, Z_2 = 8\Omega, Z_3 = 4\Omega$。仿真实验操作如下所示。

Z 参数测定:(1)输出端开路时在 Multisim10.0 中编辑的等效电路如图 4.6.2 所示 (求 Z_{11})。

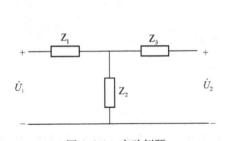

图 4.6.1　实验例题

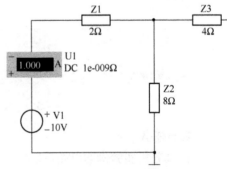

图 4.6.2　参数 Z_{11} 测试电路

此时,有

$$Z_{11} = \left. \frac{\dot{U}_1}{\dot{I}_1} \right|_{i_2 = 0} = \frac{10}{1} = 10\Omega$$

132

（2）输出端开路时的等效电路如图 4.6.3 所示（求 Z_{21}）。

此时，有

$$Z_{21} = \frac{\dot{U}_2}{\dot{I}_2}\bigg|_{i_2=0} = \frac{8}{1} = 8\Omega$$

（3）输入端开路时的等效电路如图 4.6.4 所示（求 Z_{12}）。

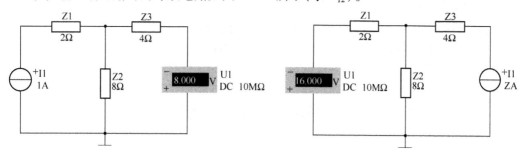

图 4.6.3　参数 Z_{21} 测试电路　　　　图 4.6.4　参数 Z_{21} 测试电路

此时，有

$$Z_{12} = \frac{\dot{U}_1}{\dot{I}_1}\bigg|_{i_1=0} = \frac{16}{2} = 8\Omega$$

（4）输入端开路时的等效电路如图 4.6.5 所示（求 Z_{22}）。

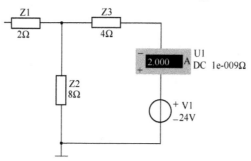

图 4.6.5　参数 Z_{22} 测试电路

此时，有

$$Z_{22} = \frac{\dot{U}_2}{\dot{I}_2}\bigg|_{i_1=0} = \frac{24}{2} = 12\Omega$$

所以该二端网络的 Z 参数为

$$Z = \begin{bmatrix} 10 & 8 \\ 8 & 12 \end{bmatrix}$$

同样测试方法可得该二端网络 Y、T 参数为

$$Y = \begin{bmatrix} 0.214 & -0.1428 \\ -0.1428 & 0.17855 \end{bmatrix}, T = \begin{bmatrix} \dfrac{5}{4} & 7 \\ \dfrac{1}{8} & \dfrac{3}{2} \end{bmatrix}$$

且满足 $AD - BC = 1$。

三、实验任务

（1）仿真计算实验例题电路（图4.6.1）的 Z、Y、T 及 H 参数,并在不同参数情况下判断电路的性质。

（2）重新建立一仿真电路（含受控源）,仿真计算其 Z、Y、T 及 H 参数。

四、实验报告要求

（1）写出实验电路（图4.6.1）的编辑报告,总结编辑注意事项。

（2）通过本次实验熟练掌握二端口网络的常用四种参数方程,理解其物理意义并能进行参数计算及利用仿真仪器分析电路。

实验七　用 Multisim 进行交流电路的仿真分析

一、实验目的

掌握应用 Multisim10.0 编辑正弦稳态电路、设置分析类型及有关仿真实验的方法。

二、仿真实验例题

例题1:实验电路如图4.7.1所示,其中正弦电源的频率为 $f = 50\text{Hz}$。仿真计算该电路电感上的电压。仿真实验操作如下。

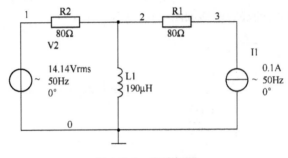

图4.7.1　实验例题

（1）执行 Simulate→Analysis→Ac Analysis 命令进行分析,即可求出电感电压情况。仿真结果如图4.7.2所示。

（2）执行 Simulate→Analysis→Transient Analysis 命令进行分析,即可求出电感电压瞬态情况。仿真结果如图4.7.3所示。

例题2:实验电路如图4.7.4所示,其中 V_1 是可调频、调幅的正弦电压源,该电源经一双口网络,带动 RC 并联负载。问当电源的幅值和频率为多少时,负载可获得最大值为5V 的电压。

仿真实验分两步进行:

（1）调频求得负载获取最大电压幅值时所对应的电源频率。此时,设电源幅值为 V_1。观测负载电压图形输出曲线（图4.7.5）,可见在频率约为 79.5Hz 时,负载获得最大电压,电压值约为 285.7mV。

（2）根据齐性定理,将电压源 V_1 的幅值 V_1 扩大 5V/285.7mV = 17.5 倍,设置电源电压幅值为17.5V,可在负载获得幅值为 5V 的最大电压。

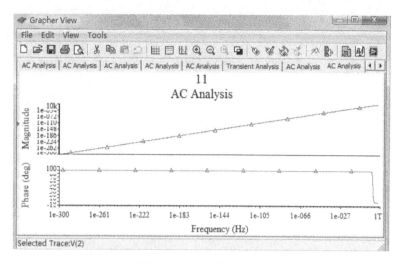

图 4.7.2　实验输出曲线

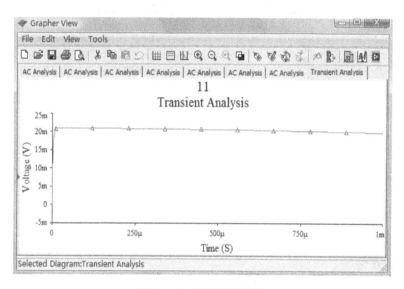

图 4.7.3　实验输出曲线

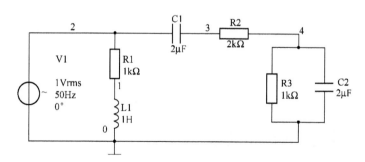

图 4.7.4　实验例题

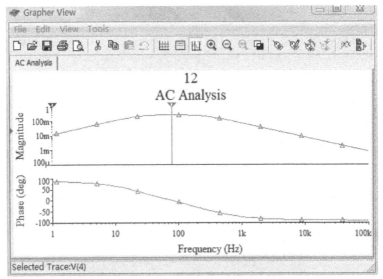

图 4.7.5　负载输出电压的频率特性

三、实验任务

（1）参照仿真实验例题，分析其中各电路的工作情况。

（2）实验电路如图 4.7.6 所示。其中正弦电压源 $u_s = 10\sqrt{2}\cos1000t$，电流控制电压源的转移电阻为 2Ω。试仿真计算电阻电流和电容电流。

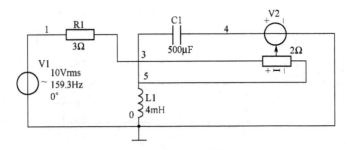

图 4.7.6　实验电路

(3）自拟实验电路,分析三相对称电路中对感性负载做无功功率补偿时需并联的电容。

四、实验报告要求

（1）写出正弦电流电路计算机仿真实验详细的操作指导。

（2）写出实验电路（图4.7.6）的仿真实验报告。

（3）写出实验任务（3）的设计报告和仿真实验报告。

实验八　用 Multisim 进行频率特性及谐振的仿真分析

一、实验目的

（1）掌握用 Multisim10.0 仿真研究电路频率特性和谐振现象的方法。

（2）理解滤波电路的工作原理。

（3）理解谐振电路的选频特性与通带宽的关系,了解耦合谐振增加带宽的原理。

二、仿真实验例题

例题1:双 T 形网络如图4.8.1所示。分析该网络的频率特性。

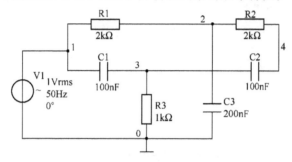

图4.8.1　双 T 形网络实验电路

编辑电路,输入端是幅值为1V 的正弦电压源,从输出端获取电压波形。启动模拟程序,执行 Simulate→Analysis→Transient Analysis 命令进行分析,即可得到双 T 形网络的另一端口电压频率特性,仿真图如图4.8.2所示。

由图4.8.2可见,这是一个带阻滤波器。

例题2:实验电路如图4.8.3所示。图中所示为 RLC 并联电路,测试其幅频特性,确定其谐振频率f_0。

编辑电路,输入端是幅值为1A 的正弦电流源。启动模拟程序,执行 Simulate→Analysis→Transient Analysis 命令进行分析,即可得到 RLC 并联电路的电压频率特性,仿真图如图4.8.4所示。

由仿真图4.8.4可见,RLC 并联电路的谐振频率约为5kHz,且谐振时电压幅值最大。

三、实验任务

（1）仿真计算以上实验例题,验证实验结果。

（2）给定图4.8.5所示电路,其中正弦电压源频率可调,电压控制电流源的转移电导为0.44S。测试电容电流的频率特性,要求给出曲线输出和数值输出两种形式,并根据仿真计算的结果对该电路进行分析。

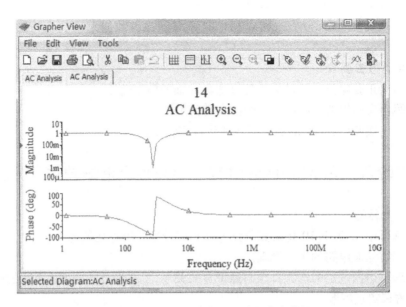

图 4.8.2 双 T 形网络实验电路的频率特性

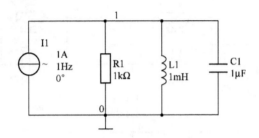

图 4.8.3 谐振电路的实验电路

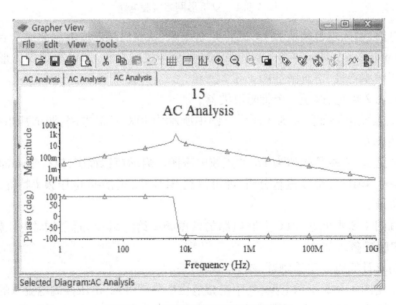

图 4.8.4 谐振电路的频率特性曲线

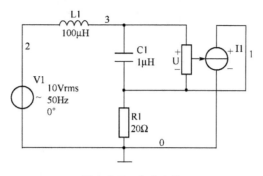

图 4.8.5　实验电路

（3）仿真测试图 4.8.6 所示双口网络转移电压比的幅频特性，根据测试结果判断这是一个什么性质的电路（指对不同频率信号的选择能力）。确定其截至频率和通带宽。

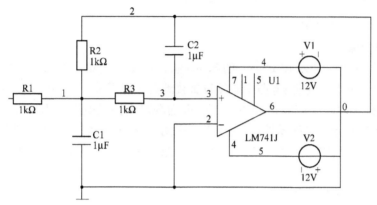

图 4.8.6　双口实验电路

（4）自拟一个仿真实验，提出设计要求，编辑实验电路。通过仿真计算，验证设计是否达到设计要求。若电路的性能指标没有达到设计要求，可通过修改电路结构及其参数重复仿真计算，直至得到符合设计要求的电路设计。

四、实验报告要求

（1）写出实验电路（图 4.8.5 和图 4.8.6）的仿真实验报告。

（2）写出实验任务（4）的设计报告和仿真实验报告。

实验九　用 PSpice 对直流电路的计算机仿真分析

一、实验目的

（1）初步了解电路计算机仿真设计软件 PSpice for Windows 的工作原理及步骤。

（2）初步掌握应用 PSpice 编程，设置分析类型与分析输出方式，并进行电路的仿真分析。

二、仿真实验例题

1. 任务

（1）应用 PSpice 求解图 4.9.1 所示电路节点电压和各支路电流。

（2）在 0V ~ 20V 范围内，调节电压源 V_2 的源电压，观察负载电阻 R_6 的电压变化。

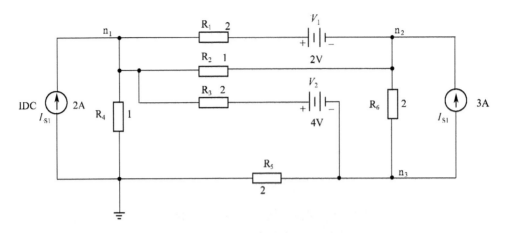

图 4.9.1　直流电路实验电路例题

总结 R_6 与 V_2 之间的关系。

2. 操作步骤

（1）按图 4.9.1 所示在 PSpice 的 Schematics 环境下编辑电路,包括区元件、输入参数、连线和设置节点。注意:电路中必须设置接地符表示零节点。编辑完成后存盘。

（2）执行 Analysis→Electrical Rule Check 命令对电路做电路规则检查。常见的错误有节点重复编号,元件名称属性重复,出现零电阻回路,有悬浮节点和无零参考点等。若出现电路规则错误,将给出错误信息,并告知不能成功创建电路网表。如在图 4.9.1 所示电路的编辑中错将 I_{S2} 命名为 I_{S1},则在电路规则检查时,将给出图 4.9.2 所示的错误信息。如果没有错误,即可进行仿真计算工作。

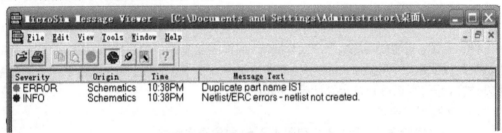

图 4.9.2　电路规则检查错误信息

（3）执行 Analysis→Simulate 命令或单击图标图,调用 PSpiceA/D 程序对当前电路仿真计算。在直流分析中,观察各节点电压,可单击图标 **V**;观察各支路电流可单击图标 **I**。本题仿真计算的结果如图 4.9.3 所示。

（4）为完成实验任务（2）,需对操作步骤（1）所编辑的电路做直流分析设置。执行 Analysis→set up 命令,弹出 DC Sweep 对话框,如图 4.9.4 所示。其中扫描变量为电压源,扫描变量名为 V_2,起始扫描点为 0,终止扫描点为 20,扫描变量增量为 0.5,扫描类型为线性。

（5）设置输出方式,单击图标，拖动支路电流标识符,并将其放置在图 4.9.1 所示电路的 R_6 支路,以获取节点电压 n_2 与电压源 V_2 的关系曲线。

（6）设置后,单击图标图,可得输出图形,如图 4.9.5 所示。

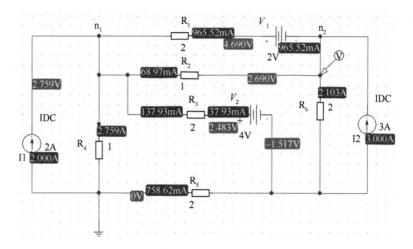

图 4.9.3　例题电路的节点电压和支路电流

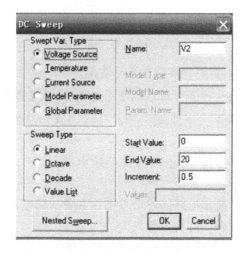

图 4.9.4　DC 扫描设置

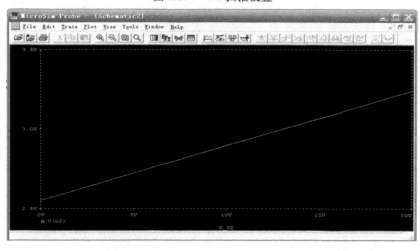

图 4.9.5　例题电路负载电压与电源关系

（7）执行 Analysis→Simulate 命令,选择 Examine Output,可得到数据输出文档,如图4.9.6所示。

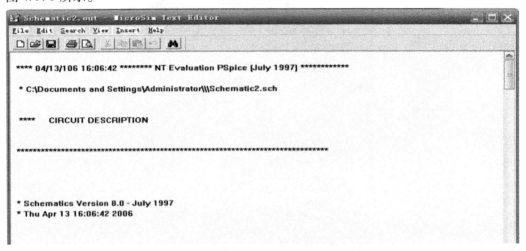

图4.9.6　数据输出

在此文档的最后一页可以看到实验的输出数据。

（8）仿真计算结果分析:在图形对话框中单击图标 🕇 可得各点坐标,计算可得负载 R_6 的电压与电压源 V_2 的关系为线性关系,即 $V_{R_6} = 2.5517 + 0.0345V_2$。

三、实验任务

（1）按实验例题的操作步骤,仿真计算例题电路（图4.9.1）,验证该实验例题的结论。

（2）仿真计算图4.9.所示电路的各结点电压和各支路电流。计算独立电压源输出的功率,其中电压控制电流源的转移电导为1S。

（3）分析图4.9.8所示电路,其中电流控制电压源的转移电阻为 0.125Ω。求出各节点电压和支路电流;在 $-8A \sim 8A$ 之间调节电流源 I_{S1} 的电流,观察电阻 R_1 的电流,分别给出波形输出和数值输出。总结电阻 R_1 的电流与 I_{S1} 的关系。

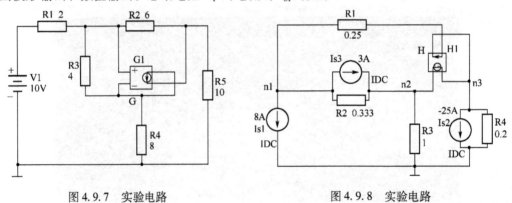

图4.9.7　实验电路　　　　　　　　图4.9.8　实验电路

四、实验报告要求

（1）总结在 Schematics 环境下编辑电路图的基本步骤,写出注意事项。

（2）做出仿真计算图4.9.1、图4.9.7和图4.9.8所示电路的实验报告，达到实验任务提出的要求。

（3）总结实验体会。

实验十 用 PSpice 对含有运算放大器的直流电路的计算机仿真分析

一、实验目的

掌握用 PSpice 编辑含有运算放大器电路的方法，根据实验要求，设置分析类型和分析输出方式，进行电路的仿真分析。

二、仿真实验例题

1. 任务

（1）应用 PSpice 求解图4.10.1所示电路中电阻 R_1、R_2 的电流和输出电压 V_{n2}。

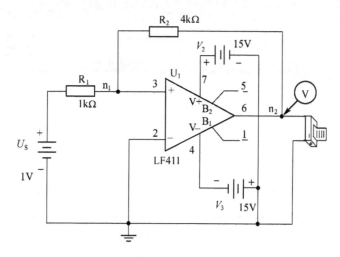

图4.10.1 含运算放大器直流电路的实验例题

（2）在0V～4V范围内，调节电压源 U_s 的源电压，观察输出电压 V_{n2} 的变化。总结 V_{n2} 与 U_s 之间的关系。确定该电路电压比（V_{n2}/U_s）的线性工作区。

2. 操作步骤

（1）按图4.10.1编辑电路。其中运算放大器选取 Snalog. slb 库 LF411。注意维持运算放大器正常工作需要两个偏置电源，LF411 工作电压的接线按图4.10.1所示。编辑完成后存盘。

（2）设置电源电压是1V时的相关支路的电流和节点电压值，Simulation 以后，单击图标 **V** 和 **I** 来完成。为了观察电压源变化对输出的影响，将分析类型设置为 DC Sweep（图4.10.2），设置节点电压标识符获取输出曲线。设置 VPRINT 标识，获取数值输出（图4.10.3）。

（3）运行 Simulation，单击图标 **V** 和 **I** 得到输出如图4.10.4所示。结果表明，当 $U_s = 1V$ 时，$V_{n2} = -4V$，$I_{R1} = 1mA$，$I_{R2} = 1mA$。

143

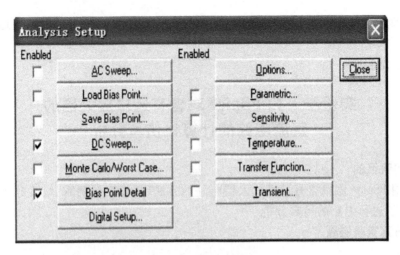

图 4.10.2　设置分析类型

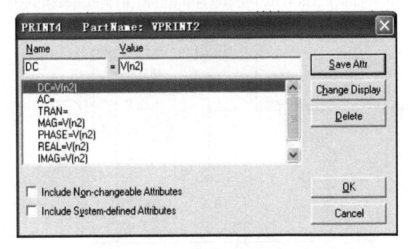

图 4.10.3　设置 VPRINT 标识

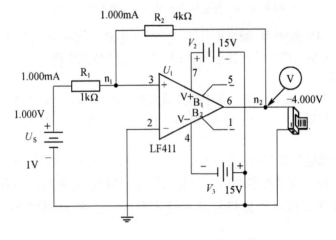

图 4.10.4　实验电路的电压、电流

（4）当电压源 U_s 在 0V ~ 4V 变化时，输出 V_{n2} 的变化曲线如图 4.10.5 所示。

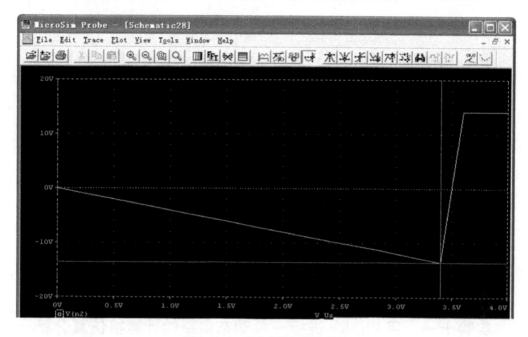

图 4.10.5　实验例题的输出曲线

数值输出如下。

V _ Us	V (n2 ,0)
0. 000E + 00	1. 634E – 05
5. 000E – 01	– 2. 000E + 00
1. 000E + 00	– 4. 000E + 00
1. 500E + 00	– 6. 000E + 00
2. 000E + 00	– 8. 000E + 00
2. 500E + 00	– 1. 000E + 01
3. 000E + 00	– 1. 200E + 01
3. 500E + 00	– 1. 400E + 01
4. 000E + 00	1. 418E + 01

由输出波形和数值可见，当输出电压源的电压 U_s < 3.4V 时，该电路为反向输出比例器，输出电压 V_{n2} 与输入电压成正比，比例系数为 – 4。

三、实验任务

（1）仿真分析实验例题电路（图 4.10.1）。验证给出的仿真结论。

（2）仿真分析图 4.10.6 所示电路，求各电阻支路的电压和电流。令输入电压 V_3 在 0V ~ 3V 变化，观察电阻 R_3 上的电流变化情况，总结此电路的线性工作区。

四、实验报告要求

（1）写出实验电路（图 4.10.6）的编辑报告，总结编辑注意事项。

（2）总结仿真计算的结论，综述图 4.10.6 所示电路的工作性能。

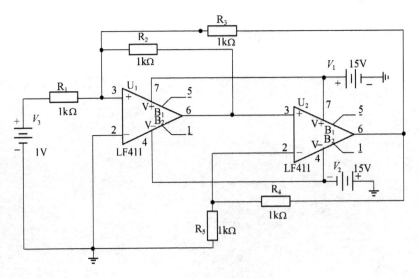

图 4.10.6　实验电路

实验十一　用 PSpice 进行一阶动态电路的计算机仿真分析

一、实验目的

（1）掌握用 PSpice 编辑动态电路，设置动态元件的初始条件，设置周期激励的属性及对动态电路仿真分析的方法。

（2）理解一阶 RC 电路在方波激励下逐步实现稳态充放电的过程。

（3）理解一阶 RL 电路在正弦激励下，全响应与激励接入角的关系。

二、仿真实验例题

1. 任务

分析图 4.11.1（a）所示 RC 串联电路在方波激励下的响应，其中方波激励如图 4.11.1（b）所示。电容初始电压为 2V，如图 4.11.2 所示。

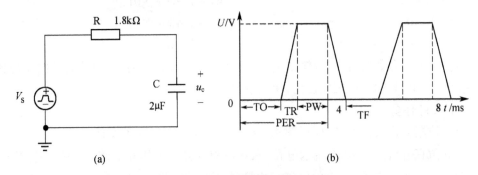

图 4.11.1　RC 串联实验电路及激励
（a）实验电路；（b）方波激励。

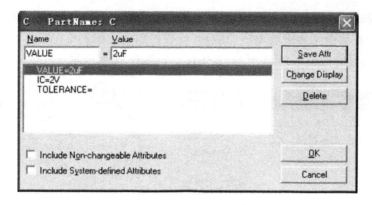

图 4.11.2　电容初始电压的设置

2. 操作步骤

（1）编辑电路：其中方波电源是 Source. slb 库中的 VPULSE 电源。对 VPULSE 的属性设置如图 4.11.3 所示。

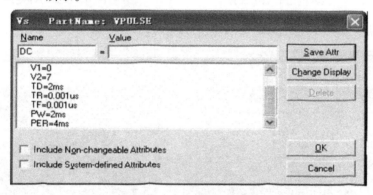

图 4.11.3　方波激励的设置

（2）设置分析类型为 Transient：其中 Print Step 设置为 2ms，Final Time 设为 40ms，如图 4.11.4 所示。

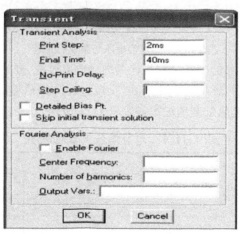

图 4.11.4　Transient 设置对话框

（3）设置输出方式：为了观察电容电压的充放电过程与方波激励的关系，设计两个节点电压标识以获取激励和电容电压的波形，设置打印电压标识符（VPRINT）以获取电容电压数值输出，设置如图 4.11.5 所示，具体设置如图 4.11.6 所示。

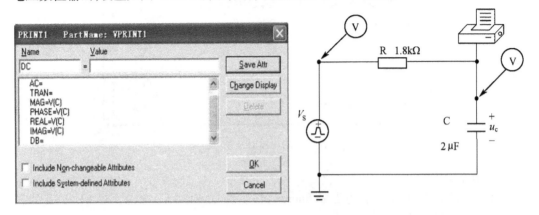

图 4.11.5　实验电路的输出设置　　　　　　图 4.11.6　设置打印电压标识符

（4）仿真计算及结果分析：经仿真计算得到图形输出如图 4.11.7 所示。

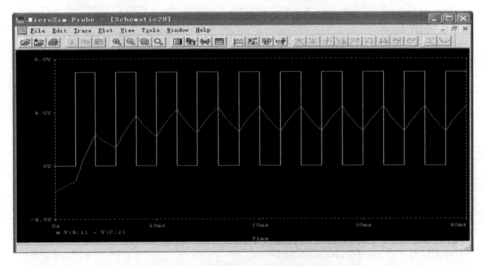

图 4.11.7　电容电压与激励的波形

从输出波形可见，电容的工作过程是连续的充放电过程，开始电容放电，达到最小值，当第一个方脉冲开始以后，经历一个逐渐的"爬坡过程"，最后输出成稳定的状态，产生一个近似的三角波。电容电压的数值输出如表 4.11.1 所列。

表 4.11.1　电容电压的数值输出

时间/s	电容电压/V	时间/s	电容电压/V
0.000E +00	− 2.000E +00	2.200E − 02	2.536E +00
2.000E − 03	− 1.146E +00	2.400E − 02	4.442E +00
4.000E − 03	2.331E +00	2.600E − 02	2.546E +00
6.000E − 03	1.336E +00	2.800E − 02	4.447E +00

时间/s	电容电压/V	时间/s	电容电压/V
8.000E－03	3.754E＋00	3.000E－02	2.549E＋00
1.000E－02	2.151E＋00	3.200E－02	4.449E＋00
1.400E－02	2.419E＋00	3.400E－02	2.550E＋00
1.600E－02	4.375E＋00	3.600E－02	4.449E＋00
1.800E－02	2.507E＋00	3.800E－02	2.550E＋00
2.000E－02	4.425E＋00	4.000E－02	4.450E＋00

三、实验任务

（1）仿真计算 $R=1\text{k}\Omega, C=100\mu\text{F}$ 的 RC 串联电路，接入峰峰值为 3V、周期为 2s 的方波激励的零状态响应。

（2）仿真计算 $R=1\text{k}\Omega, C=100\mu\text{F}$ 的串联电路，接入峰峰值为 3V、周期为 0.2s 的方波激励时的全状态响应，其中电容电压的初始值为 1V。

（3）给定 RL 串联电路（图 4.11.8），正弦电源 $u_s=25\cos(2\pi/50t+\varphi)$。其中正弦电源位于 Ssorce.slb 库中，元件名为 VSIN，设置如图 4.11.9 所示。

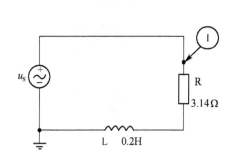

图 4.11.8　正弦激励 RL 串联电路

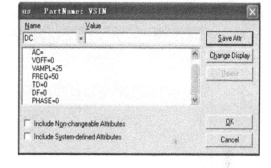

图 4.11.9　VSIN 电源的设置

由电路理论可知，当 RL 电路接入正弦电源时，对应不同的接入角将有不同情况的过渡过程。

仿真计算给定电路在电源初相（PHASE）分别为 $k\times30°$（$k=0、1、2、3、4、5、6$）7 种情况下的全响应。记录每种情况所对应的电感电流波形。总结该电路最优与最差接入角。

四、实验报告要求

（1）总结不同参数的 RC 串联电路和由不同方波激励的仿真实验。

（2）总结 RL 串联电路接入正弦激励时，对应不同接入角时的仿真实验。

实验十二　用 PSpice 进行二阶动态电路的计算机仿真分析

一、实验目的

（1）进一步掌握应用 PSpice 编辑动态电路，设置动态元件的初始条件，设置周期激励的属性及对动态电路进行仿真分析的方法。

（2）理解二阶电路取不同的参数有三种不同暂态过程。

二、仿真实验例题

1. 任务

实验电路图如图4.12.1所示。其中电感电流的初始值为10A,电容电压的初始值为10V。分析当电阻在可调范围内变化时电路的暂态过程。

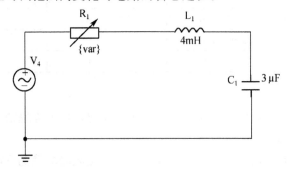

图4.12.1　仿真实验例题

2. 操作步骤

（1）编辑电路:其中可变电阻位于 Analog. slb 库,元件名为 R_var。该元件的属性设置过程为:单击可变电阻元件符号,弹出属性设置对话框,设置过程如图4.12.2所示。

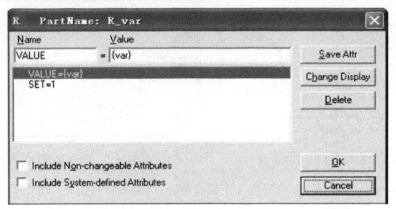

图4.12.2　可变电阻属性设置对话框

从 Special. slb 库中取出 PARAM,放置于电路旁,单击 PARAM 弹出对话框,设置NAME1 = var,VALUE1 = 1k,其余项默认。

（2）设置节点电压标识符号于电容 C_1,以获取该电容电压的图形输出。设置VPRINT 符号于相同节点,以获取该节点电压的数值输出。编辑完毕的电路如图4.12.3所示。

（3）执行 Analysis→setup 命令,设置参数分析类型为 Parametric,弹出对话框,设置如图4.12.4所示。单击 OK 按钮返回编辑电路图窗口。

（4）执行 Analysis→setup 命令,设置电路分析类型为 Transient。设置 Print Setp 为4ms,Final Time 为80ms。

（5）进行仿真设置计算。输出波形如图4.12.5所示。

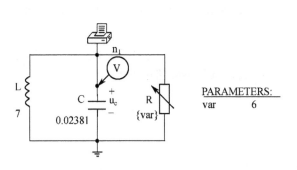 

PARAMETERS:
var   6

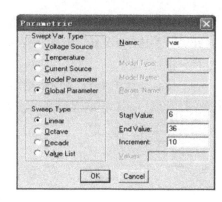

图 4.12.3　编辑结束的实验电路　　　　图 4.12.4　参数分析设置对话框

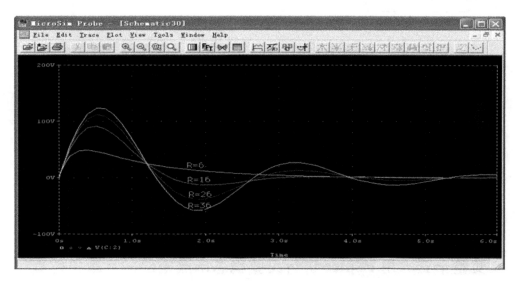

图 4.12.5　实验电路电阻不同时的暂态过程

对应不同阻值的电容电压数值输出如表 4.12.1 所列。

表 4.12.1　不同阻值时的电容电压数值

时间/s	电容电压/V			
	$R = 6\Omega$	$R = 16\Omega$	$R = 26\Omega$	$R = 36\Omega$
0.000E+00	1.999E-02	2.000E-02	2.000E-02	2.000E-02
1.000E+00	3.072E+01	4.874E+01	6.093E+01	6.952E+01
2.000E+00	1.136E+01	-1.265E+01	-3.661E+01	-5.567E+01
3.000E+00	4.172E+00	-3.336E-01	9.720E+00	2.284E+01
4.000E+00	1.531E+00	1.038E+00	1.603E+00	-6.987E-01
5.000E+00	5.631E-01	-2.469E-01	-2.971E+00	-6.755E+00
6.000E+00	2.065E-01	-1.239E-02	1.478E+00	5.690E+00

三、实验任务

（1）编辑实验例题电路,对其进行同样的分析,观察与例题的分析是否一致。

151

（2）仿真分析图 4.12.6 所示电路。S_1 在 $t=0$ 时刻闭合，S_2、S_3 分别在 $t=5\mathrm{s}$ 时闭合和打开。开关位于 EVAL.slb 库。要求输出 $t>0$ 时给出电容的电压波形曲线和数值解，并进行分析。

（3）仿真分析图 4.12.7 所示电路。其中可调电容的范围为 $500\mu F \sim 100\mu F$。要求分析开关打开以后，RL 串联支路在电容为多大时，其端电压不会超过 10V。

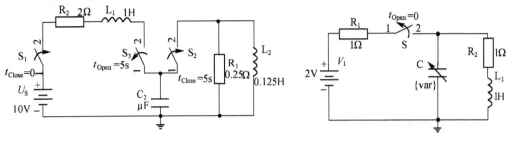

图 4.12.6　仿真实验电路　　　　　　　　图 4.12.7　仿真实验电路

四、预习与思考

（1）预习二阶电路暂态过程的理论知识，练习仿真实验例题的结果，加深对二阶电路三种不同状态的过渡过程的理解。

（2）理论计算图 4.12.6 和图 4.12.7 所示电路。

（3）拟定仿真实验步骤。

五、实验报告要求

（1）总结实验电路的仿真结果，给出要求的曲线输出和数值输出。

（2）总结动态电路暂态分析的仿真步骤，写出实验指导。

实验十三　用 PSpice 进行正弦稳态电流电路的计算机仿真

一、实验目的

掌握用 PSpice 编辑正弦稳态电流电路、设置分析类型及有关仿真实验的方法。

二、仿真实验例题

例题 1：实验电路如图 4.13.1 所示，其中 V_1 是可调频、调幅的正弦电压源。

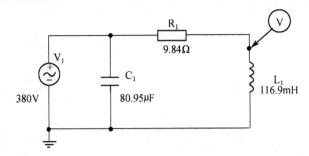

图 4.13.1　仿真实验例题

电路分析设为 AC Sweep 类型，各参数设置如图 4.13.2 所示。

调频求得负载获取最大电压幅值时所对应的电源频率。要求出现负载电压的幅频和

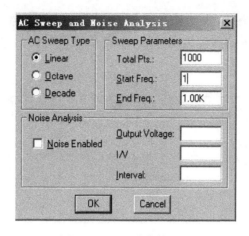

图 4.13.2 电路参数设置

相频特性曲线图,负载电压幅频特性曲线图如图 4.13.3 所示。负载电压相频特性曲线如图 4.13.4 所示。

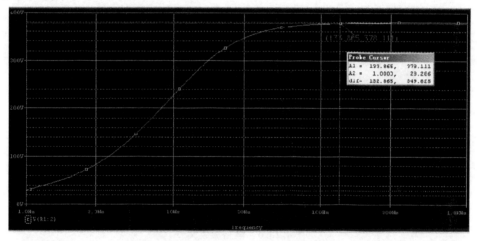

图 4.13.3 负载电压幅频特性曲线

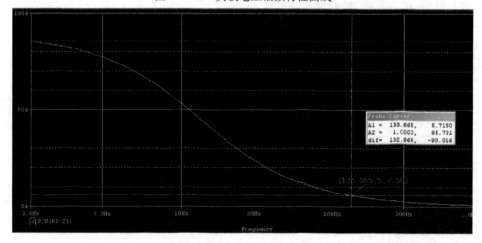

图 4.13.4 负载电压相频特性曲线

例题 2：实验电路如图 4.13.5 所示，电流源 I_{AC} 带动并联电路。调频求得负载获得最大电压，并观测负载电压的图形输出曲线，求得此时所对应的电源频率。设电源幅值为 1V。

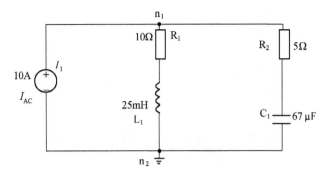

图 4.13.5　仿真实验电路

实验步骤如下所述

（1）调节参数，如图 4.13.6 所示。

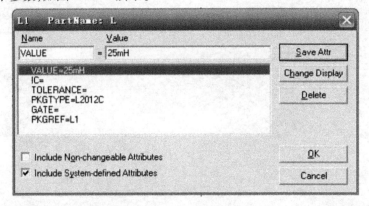

图 4.13.6　电路参数调节

（2）设置 AC Sweep，参数设置如图 4.13.7 所示。

（3）运行可得图形，如图 4.13.8 所示，观察输出的数据，可得其最大值。

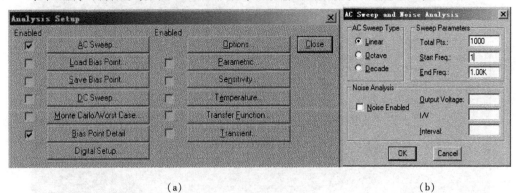

(a) (b)

图 4.13.7　电路参数设置

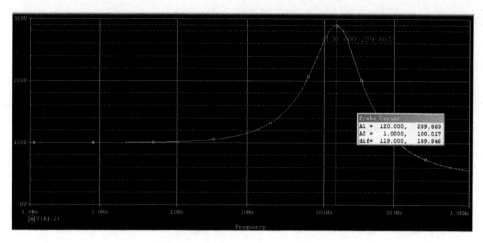

图 4.13.8　负载输出的幅频特性

三、实验任务

（1）参照仿真实验例题,分析其中各电路的工作情况。

（2）实验电路如图4.13.9所示。其中正弦电压源 $u_s = 10\sqrt{2}\cos1000t$,电流控制电压源的转移电阻为2Ω。试仿真计算电阻电流和电容电流。

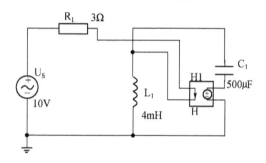

图4.13.9　实验电路

（3）实验电路如图4.13.10所示,其中电压源工作频率为50Hz。试通过分析输入端电压

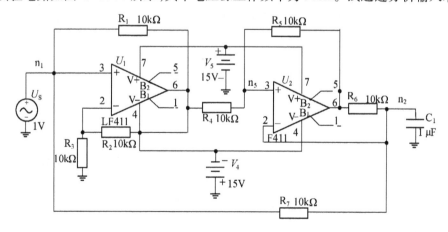

图4.13.10　实验电路

源的电压与电流的相位关系来研究虚框所限制的双口网络的特性。

（4）自拟实验电路，分析三相对称电路中对感性负载做无功功率补偿时需并联的电容。

四、实验报告要求

（1）写出正弦电流电路计算机仿真实验的详细操作指导。

（2）写出实验电路（图4.13.9和图4.13.10）的仿真实验报告。

（3）写出实验任务（4）的设计报告和仿真实验报告。

实验十四　用 PSpice 进行频率特性及谐振的仿真分析

一、实验目的

（1）掌握用 PSpice 仿真研究电路频率特性和谐振现象的方法。

（2）理解滤波电路的工作原理。

（3）理解谐振电路的选频特性与通带宽的关系，了解耦合谐振增加带宽的原理。

二、仿真实验例题

例题1：原理图如图4.14.1所示。

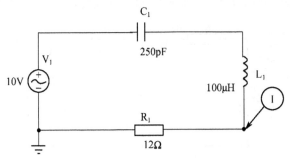

图 4.14.1　实验电路

将电路分析设为 AC Sweep 类型，如图4.14.2所示。

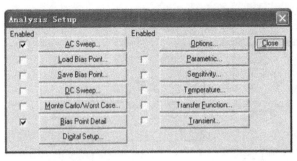

(a)

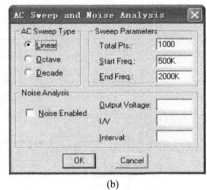

(b)

图 4.14.2　电路设置类型

仿真计算的输出波形结果如图4.14.3所示。

由图4.14.2可见，这是一个带通滤波器。

156

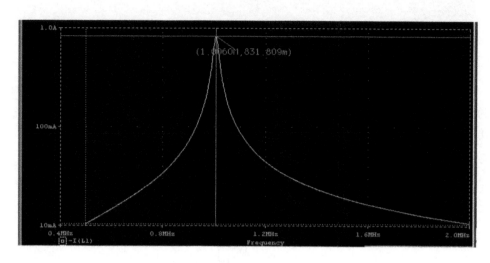

图 4.14.3　实验电路的幅频特性

例题 2：实验电路如图 4.14.4 所示。这是一个 RLC 并联电路，测试其幅频特性，确定

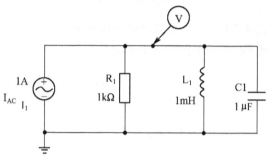

图 4.14.4　实验电路

其谐振频率 f_0。

编辑电路，其中 I_{AC} 是幅值为 1A 的正弦电流源，设置 AC Sweep 分析类型。在输出端设置输出电压标识。仿真计算得到的输出电压波形如图 4.14.5 所示。

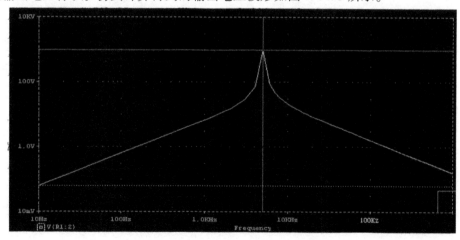

图 4.14.5　实验电路的幅频特性

157

可见 RLC 并联电路的谐振频率约为 5.015kHz,且谐振时电压幅值最大。

三、实验任务

(1) 仿真计算以上实验例题,验证实验结果。

(2) 给定图 4.14.6 所示电路,其中正弦电压源频率可调,电压控制电流源的转移电导为 0.44S。测试电容电流的频率特性。要求给出曲线输出和数值输出两种形式,并根据仿真计算的结果对该电路进行分析。

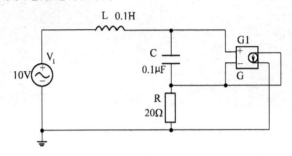

图 4.14.6　实验电路

(3) 仿真测试如图 4.14.7 所示双口网络转移电压比的幅频特性,根据测试结果判断这是一个什么性质的电路(指对不同频率信号的选择能力)。确定其截止频率和通带宽。

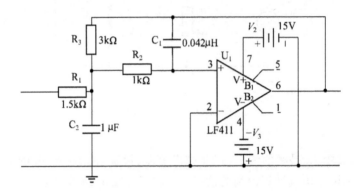

图 4.14.7　双口网络实验电路

(4) 自拟一个仿真实验,提出设计要求,编辑实验电路。通过仿真计算,验证设计是否达到设计要求。若电路的性能指标没有达到设计要求,可通过修改电路结构及器件参数重复仿真计算,直至得到符合设计要求的电路设计。

四、实验报告要求

(1) 写出实验电路(图 4.11.8 和图 4.11.9)的仿真实验报告。

(2) 写出实验任务(4)的设计报告和仿真实验报告。

第 5 章 Multisim10.0 仿真软件简介

    Multisim 的前身为 EWB(Electronics Workbench)软件。它以界面形象直观、操作方便、分析功能强大、易学易用等突出优点,得到迅速推广,并成为电子类专业课程教学和实验的一种辅助手段。

    Multisim10.0 是 EWB 的后续版本,是美国国家仪器公司下属的 ElectroNIcsWork-benchGroup 推出的交互式 SPICE 仿真和电路分析软件,专用于原理图捕获、交互式仿真、电路板设计和集成测试。通过将 NIMultisim10.0 电路仿真软件和 LabVIEW 测试软件相集成,那些需要设计制作自定义印制电路板(PCB)的工程师能够非常方便地比较仿真数据和真实数据,规避设计上的反复,减少原型错误并缩短产品上市时间。

    下面将对 Multisim10.0 的基本功能与基本操作做一个简单的介绍,以便于读者能较快地熟悉 Multisim10.0 的基本操作。

5.1 Multisim10.0 的基本界面

    Multisim10.0 的基本界面如图 5.1.1 所示,主要包括菜单栏、标准工具栏、视图工具栏、主工具栏、仿真开关、元件工具栏、仪器工具栏、设计工具箱、电路工作区、电子表格视窗和状态栏等。

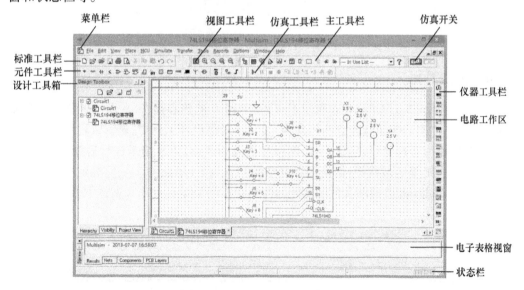

图 5.1.1 Multisim10.0 基本界面

5.1.1 菜单栏

和其他应用软件一样,菜单栏中分类集中了软件的所有功能命令。Multisim10.0 的菜单栏包含 12 个菜单,分别为文件(File)菜单、编辑(Edit)菜单、视图(View)菜单、放置(Place)菜单、微控制器(MCU)菜单、仿真(Simulate)菜单、文件输出(Transfer)菜单、工具(Tools)菜单、报告(Reports)菜单、选项(Options)菜单、窗口(Windows)菜单和帮助(Help)菜单。每个菜单下都有一系列下拉菜单项,用户可以根据需要在相应的菜单下查找。

5.1.2 标准工具栏

标准工具栏如图 5.1.2 所示,主要提供一些常用的文件操作功能,按钮从左到右的功能分别为新建文件、打开文件、打开设计实例、保存文件、打印电路、打印预览、剪切、复制、粘贴、撤销和恢复。

图 5.1.2　标准工具栏

5.1.3 视图工具栏

视图工具栏按钮从左到右的功能分别为全屏显示、放大、缩小、对指定区域进行放大和在工作空间一次显示整个电路,如图 5.1.3 所示。

图 5.1.3　视图工具栏

5.1.4 主工具栏

主工具栏如图 5.1.4 所示,它集中了 Multisim10.0 的核心操作,从而使电路设计更加方便。该工具栏中的按钮从左到右依次为:显示或隐藏设计工具栏;显示或隐藏电子表格视窗;打开数据库管理窗口;创建元件;图形和仿真列表;对仿真结果进行后处理;电路规则检测(ERC);屏幕区域截图;切换到总电路;将 Ultiboard 电路的改变反标到 Multisim 电路文件中;将 Multisim 原理图文件的变化标注到存在的 Ultiboard10.0 文件中;使用中的元件列表;帮助。

图 5.1.4　主工具栏

5.1.5 仿真开关

用于控制仿真过程的开关有两个:仿真启动/停止开关 ▭▭ 和仿真暂停开关 ▭ 。

5.1.6 元件工具栏

Multisim10.0 的元件工具栏包括 16 种元件分类库,如图 5.1.5 所示,每个元件库放置同一类型的元件,元件工具栏还包括放置层次电路和总线的命令。元件工具栏从左到右的模块分别为电源库、基本元件库、二极管库、晶体管库、模拟器件库、TTL 器件库、CMOS 元件库、数字杂合类元件库、混合元件库、指示器元件库、功率元件库、杂合类元件库、高级外围元件库、RF 射频元件库、机电类元件库、微处理模块元件库、层次化模块和总线模块。其中,层次化模块是将已有的电路作为一个子模块加到当前电路中。

图 5.1.5 元件工具栏

5.1.7 仪器工具栏

仪器工具栏包含各种对电路工作状态进行测试的仪器仪表及探针,如图 5.1.6 所示,仪器工具栏从左到右分别为数字万用表、失真分析仪、函数信号发生器、瓦特表、双通道示波器、频率计、安捷伦函数发生器、四通道示波器、波特图仪、IV 分析仪、字信号发生器、逻辑转换仪、逻辑分析仪、安捷伦示波器、安捷伦数字万用表、频谱分析仪、网络分析仪、泰克示波器、电流探针、LabVIEW 虚拟仪器和测量探针。

图 5.1.6 仪器工具栏

5.1.8 设计工具箱

设计工具箱用来管理原理图的不同组成元素。设计工具箱由三个不同的选项卡组成,分别为层次化(Hierarchy)选项卡、可视化(Visibility)选项卡和工程视图(Project View)选项卡,如图 5.1.7 所示。

"层次化"选项卡:该选项卡包括了所设计的各层化电路,页面上方的按钮从左到右为新建原理图、打开原理图、保存、关闭当前电路图和(对当前电路、层次化电路和多页电路)重命名。

"可视化"选项卡:由用户决定工作空间的当前选项卡面显示哪些层。

"工程视图"选项卡:显示所建立的工程,包括原理图文件、PCB 文件、仿真文件等。

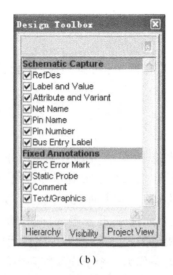

| (a) | (b) | (c) |

图 5.1.7 设计工具箱

(a)"层次化"选项卡;(b)"可视化"选项卡;(c)"工程视图"选项卡。

5.1.9 电路工作区

在电路工作区中可进行电路的编制绘制、仿真分析及波形数据显示等操作,如果有需要,还可以在电路工作区内添加说明文字及标题框等。

5.1.10 电子表格视窗

在电子表格视窗可方便查看和修改设计参数,例如,元件的详细参数,设计约束和总体属性等。电子表格视窗选项卡如图 5.1.8 所示。

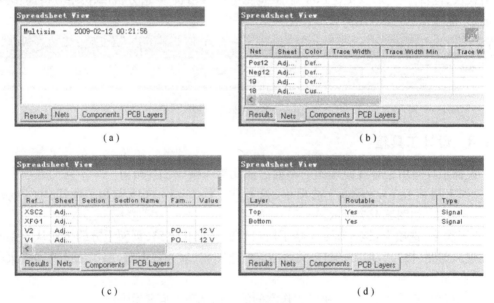

| (a) | (b) |
| (c) | (d) |

图 5.1.8 电子表格视窗

(a) Results 选项卡;(b) Net 选项卡;(c) Components 选项卡;(d) PCB Layers 选项卡。

162

Results 选项卡：该选项卡面可显示电路中元件的查找结果和 ERC 校验结果，但要使 ERC 校验结果显示在该页面上，需要运行 ERC 校验时选择将结果显示在 Result Pane 上。

Nets 选项卡：显示当前电路中所以网点的相关信息，部分参数可以自定义修改。该选项卡上方有 9 个按钮，它们的功能分别为：找到并选择指定网点；将当前列表以文本格式保存到指定位置；将当前列以 CSV（CommaSeparateValues）格式保存到指定位置；将当前列表以 Excel 电子表格的形式保存到指定位置；按已选栏数据的升序排列数据；按已选栏数据的降序排列数据；打印已选表项中的数据；复制已选表项中的数据到剪切板；显示当前设计所有页面中的网点（包括所有子电路、层次化电路模块及多页电路）。

Components 选项卡：显示当前电路中所有元件的相关信息，部分参数可自定义修改。该选项卡上方有 10 个按钮，它们的功能分别为：找到并选择指定元件；将当前列表以文本格式保存到指定位置；将当前列以 CSV（CommaSeparateValues）格式保存到指定位置；将当前列表以 Excel 电子表格的形式保存到指定位置；按已选栏数据的升序排列数据；按已选栏数据的降序排列数据；打印已选表项中的数据；复制已选表项中的数据到剪切板；显示当前设计所有页面中的元件（包括所有子电路、层次化电路模块及多页电路）；替换已选元件。

PCB Layers 选项卡：显示 PCB 层的相关信息，其页面上按钮和上面的相同，不再赘述。

5.1.11　状态栏

状态栏用于显示有关当前操作及鼠标所指条目的相关信息。

5.2　Multisim10.0 的菜单栏

5.2.1　File 菜单

该菜单主要用于管理所创建的电路文件，对电路文件进行打开、保存等操作，其中大多数命令和一般 Windows 应用软件基本相同，这里不赘述。下面主要介绍 Multisim10.0 的特有命令：

Open Samples：打开安装路径下的自带实例。

New Project，Open Project，Save Project 和 Close Project：分别对一个工程文件进行创建、打开、保存和关闭操作。一个完整的工程包括原理图、PCB 文件、仿真文件、工程文件和报告文件。

Version Control：用于控制工程的版本。用户可以用系统默认产生的文件名或自定义文件名作为备份文件的名称对当前工程进行备份，也可恢复以前版本的工程。

Print Options：包括两个子菜单，PrintCircuitSetup 子菜单为打印电路设置选项；Print Instruments 子菜单为打印当前工作区内仪表波形图选项。

5.2.2　Edit 菜单

"Edit" 菜单下的命令主要用于在绘制电路图的过程中，对电路和元件进行各种编辑操作。一些常用操作,如、复制、粘贴等,和一般 Windows 应用程序基本相同,这里不再赘述。下面介绍一些 Multisim10.0 特有的命令。

Delete Multi – Page:从多页电路文件中删除指定页。执行该项操作一定要小心,尽管使用撤销命令可恢复一次删除操作,但删除的信息无法找回。

Paste as Subcricuit:将剪切板中已选的内容粘贴成电子电路形式。

Find:搜索当前工作区内的元件,选择该项后可弹出对话框,其中包括要寻找元件的名称、类型及寻找的范围等。

Graphic Annotation:图形注释选项,包括填充颜色、类型、画笔颜色、类型和箭头类型。

Order:安排已选图形的放置层次。

Assign to Layer:将已选的项目(如 REC 错误标志、静态指针、注释和文本/图形)安排到注释层。

Layer Setting:设置可显示的对话框。

Orientation:设置元件的旋转角度。

Title Black Position:设置已有的标题框的位置。

Edit Symbol/Title Block:对已选定的图形符号或工作区内的标题框进行编辑。在工作区内选择一个元件,选择该命令,编辑元件符号,弹出的"元件编辑"窗口,在这个窗口中可对元件各引脚端的线型、线长等参数进行编辑,还可以自行添加文字和线条等;选择工作区内的标题框,选择该命令,弹出"标题框编辑"窗口,可对选中的文字、边框或位图等进行编辑。

Font:对已选项目的字体进行编辑。

Comment:对已有的注释项进行编辑。

Forms/Questions:对有关电路的记录或问题进行编辑;当一个设计任务由多个人完成时,常需要通过邮件的形式对电路图、记录表及相关问题进行汇总和讨论。Multisim10.0 可方便地实现这一功能。

Properties:打开一个已被选中元件的属性对话框,可对其参数值、标识值等信息进行编辑。

5.2.3 View 菜单

通过 View 菜单可以改变使用软件时的视图,对一些工具栏和窗口进行控制。一些常用的操作,如全屏,原理图放大、缩小等,与一般 Windows 应用程序基本相同。

5.2.4 Place 菜单

Place 菜单提供在电路工作窗口内放置元件、连接点、总线和文字等 17 个命令,下面简要介绍常用的一些命令。

Place Component:放置元器件。选择该命令后即会弹出元件选择对话框。

Place Junction:放置连接点。用来设置电路原理图中的连接点。

PlaceWire:划线工具,使用该命令即可完成原理图中元件之间的导线连接。

PlaceBus:放置总线。

Place Connectors:包含四个子菜单。/HB/SC Connector 是添加连接节点到电路中使用的分层块或一个分支电路；Bus HB/SC Connector 是在主电路和一个分层块或分支电路之间放置一个总线连接器；Off – Page Connector 是在工作区中放置一个站外优化连接器；Bus Off – Page Connector 是在主电路和多层块之间放置站外总线连接器。

5.2.5　MCU 菜单

MCU 菜单提供在电路工作窗口内 MCU 的调试操作命令。

5.2.6　Simulate 菜单

Simulate 菜单提供电路的仿真设置与操作命令，简要介绍一些常用的命令。

Run/Pause/Stop：开始/暂停/停止仿真命令。

Instruments：设置仪器仪表，可以通过该指令选择电路所需的仪器仪表。

Interactive Simulation Settings：交互式仿真设置，如瞬态分析时仪器的默认设置等。

Digital Simulation Settings：数字仿真设置。

Analyses：仿真分析法的设置。这是仿真过程中非常重要的一个环节，包含 19 项不同的方法。DC Operating Point 指的是直流工作点分析法；AC Analysis 是用来计算线性电路的频率响应；TransientAnalysis 是进行电路的时域瞬态分析；Fourier Analysis 是对电路进行傅里叶分析；Noise Analysis 是指噪声分析，常用来检测电子电路的噪声量级；Noise Figure Analysis 为噪声系数分析；Distortion Analysis 是失真度分析，主要是谐波失真和互调失真分析；DC Sweep 是直流扫描分析命令，用于计算电路中任一输出变量在一个或两个直流电源的不同参数下的直流工作点；Sensitivity 为灵敏度分析；Parameter Sweep 是参数扫描分析指令，验证仿真电路在元件的不同参数下的响应；Temperature Sweep 是温度扫描分析指令，验证仿真电路在不同温度下的响应；Pole Zero 是极点和零点分析，给出电路在小信号模型下交流传递函数的极点和零点；Transfer Function 是传递函数分析，计算直流小信号传递函数；Worst Case 是最坏情况分析，它是一个统计分析，帮助分析在电路参数的变化对电路的性能影响的最坏可能；Monte Carlo 是蒙特卡罗分析，帮助分析如何通过改变元件属性来影响电路的性能；Trace Width Analysis 是跟踪宽度分析，可计算出一个电路来处理峰值电流时的最小跟踪宽度；Batched Analysis 是批处理分析；User Defined Analysis 是用户自定义分析。

5.2.7　Transfer 菜单

Transfer（文件输出）菜单，实现将设计的电路输出到 Ultiboard10.0 或更早的版本、输出到 PCB 以及网络表等功能。

5.2.8　Tools 菜单

Tools（工具）菜单，提供组件和电路的编辑或管理命令，下面简要介绍一些常用的命令。

Component Wizard：组件向导，该指令将帮助使用者按步完成新组件的创建。

Database：数据库管理，包含四个工具。Database Manager 是数据库管理器，用户可以通过该指令增加、编辑复制或删除组件；Save Componentto DB 将包含用户修改信息的组件保存到数据库中;Convert Database 指数据库格式转换,用来将早起版本的数据库格式转换成 Multisim10.0 的格式;Merge Database 指数据可合并。

Variant Manager:变量管理器。

Electrical Rules Check:电器规则检验。

5.2.9　Reports 菜单

Reports(报告)菜单为用户提供材料清单等 6 个报告命令。

Bill of Materials:电路材料清单。

Component Detail Report:组件的详细报告。

Netlist Report:网络表报告,输出电路中各组件的连接情况。

Cross Reference Report:参照表报告,输出当前电路中使用的列表。

Schematic Statistics:原理图统计报告,显示当前电路的统计信息,如使用元件器数量等。

Spare Gates Report:多余门电路报告。

5.2.10　Options 菜单

Options(选项)菜单提供诸如电路界面修改、或电路某些功能设定的命令。这里着重介绍两个应用较多的选项。

Global Preferences:全局首选项。包括四个选项卡,分别为:Paths(路径)选项卡,包含电路的默认路径、用户按钮图标路径、用户配置文件路径、数据库文件路径以及系统语言选项;Save(保存)选项卡,包含副本、自动备份以及仿真数据和仪器设置;Parts(组件)选项卡,包含放置元件方式、元件符号标准(ANSI 为美国标准、DIN 为欧洲标准)、正相位移方向以及数字仿真设置;General(常规)选项卡,系统的一般设置选项,如鼠标滚轮滚动行为设置、配线设置等。

Sheet Properties:表单属性,用于设置每个表的首选项。这些首选项与电路文件一起保存以便在另一台计算机上打开该电路文件时使用相同的设置。具体内容包括电路的背景与显示、工作区的显示和打印图纸大小、配线、字体、PCB 以及可见性设置。

5.2.11　Window 菜单

Window(窗口)菜单与 Windows 其他应用程序具有几乎相同的应用设置,包括 New Window(新建窗口)、Close(关闭当前窗口)、CloseAll(关闭全部窗口)、Cascade(窗口层叠)、Tile Horizontal(窗口横向平铺)、Tile Vertical(窗口纵向平铺)以及 Windows(窗口选择)。

5.2.12　Help 菜单

Help(帮助)菜单与 Windows 其他应用程序具有几乎相同的应用设置,包括 Multisim-Help(主题索引)、Component Reference(元件索引)、Release Notes(版本注释)、Checkfor Updates(检查更新)、File Information(文件信息)、Patents(专利权)、About Multisim(版本信息)。

5.3 Multisim10.0 的虚拟仪器使用方法

Multisim10.0 中提供了种类繁多的电子线路分析中常用的仪器。这些虚拟仪器仪表的参数设置、使用方法和外观设计与实验室中的真实仪器基本一致。在 Multisim10.0 中单击 Simulate→Instruments 命令后，便可以使用它们，也可以在基本界面下直接单击调用。虚拟仪器工具栏如图 5.3.1 所示。

图 5.3.1　虚拟仪器工具栏

下面简要介绍电路仿真中的常用虚拟仪器的使用方法。

5.3.1 数字万用表

数字万用表(Mulitimeter)可以用来测量交流电压(电流)、直流电压(电流)、电阻以及电路中两节点的分贝损耗。其量程可也自动调整。

单击 Simulate→Instruments→Multimeter 命令后，有一个万用表虚影跟随鼠标移动在电路窗口的相应位置，单击鼠标，完成虚拟仪器的放置。如图 5.3.2(a)所示，双击该图标得到数字万用表参数设置控制面板，如图 5.3.2(b)所示。该面板的各个按钮的功能如下所述。

上面的黑色条形框用于测量数值的显示。下面为测量类型的选取栏。

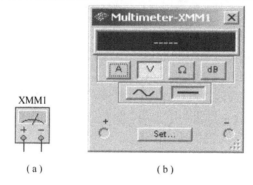

（a）　　　　　　　　（b）

图 5.3.2　数字万用表图标及参数面板

A:测量对象为电流。

V:测量对象为电压。

Ω:测量对象为电阻。

dB:将万用表切换到分贝显示。

~:表示万用表的测量对象为交流参数。

—:表示万用表的测量对象为直流参数。

+:对应万用表的正极;—对应万用表的负极。

Set：单击该按钮，可以设置数字万用表的各个参数。

5.3.2 函数信号发生器

函数信号发生器（Function Generator）用来提供正弦波、三角波和方波信号的电压源。

单击 Simulate→Instruments→Function Generator 命令，得到如图5.3.3(a)所示的函数信号发生器图标。双击该图标，得到如图5.3.3(b)所示的函数信号发生器参数设置控制面板。该控制面板的各个部分的功能如下。

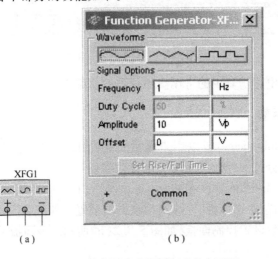

图5.3.3 函数信号发生器图标及控制面板

上方的三个按钮用于选择输出波形，分别为正弦波、三角波和方波。

Fequency：设置输出信号的频率。

DtyCycle：设置输出的方波和三角波电压信号的占空比。

Amplitude：设置输出信号的峰值。

Offset：设置输出信号的偏置电压，即设置输出信号中直流成分的大小。

SetRise/FallTime：设置上升沿与下降沿的时间。仅对方波有效。

+：表示波形电压信号的正极性输出端。

－：表示波形电压信号的负极性输出端。

Common：表示公共接地端。

5.3.3 瓦特表

瓦特表（Watmeter）用于测量电路的功率。它可以测量电路的交流或直流功率。

单击 Simulate→Instruments→Wattmeter 命令，得到如图5.3.4(a)所示的瓦特表图标。双击该图标，便可以得到如图5.3.4(b)所示的瓦特表参数设置控制面板。

上方的黑色条形框用于显示所测量的功率，即电路的平均功率。

Power Factor：功率因数显示栏。

Voltage：电压的输入端点，从"＋""－"极接入。

Current：电流的输入端点，从"＋""－"极接入。

168

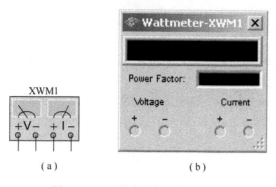

（a）　　　　　　　　　　（b）

图 5.3.4　瓦特表图标及控制面板

在图 5.3.5 所示的仿真电路中,应用瓦特表来测量复阻抗的功率及功率因数。使用了一个复阻抗 $Z = A + jB$。其中的复阻抗 RL 电路的复阻抗的实部 A 为 250Ω,虚部 B 为 490Ω。

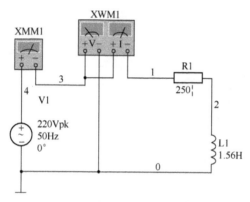

图 5.3.5　瓦特表测量电路功率及功率因数

单击 Simulste→Run 命令,开始仿真,得到的结果如图 5.3.6 所示。

图 5.3.6　瓦特表测量仿真结果

从图 6.3.6 中可以看到,瓦特表显示有功功率为 19.969W,功率因数为 0.454,数字万用表显示电路电流的有效值为 282.748mA。仿真结果的数值与理论计算的数值基本一致。

169

5.3.4 双通道示波器

双通道示波器(Oscilloscope)主要用来显示被测量信号的波形,还可以用来测量被测信号的频率和周期等参数。

单击 Simulate→Instruments→Oscilloscope 命令,得到如图 5.3.7(a)所示的示波器图标。双击该图标,得到图 5.3.7(b)所示的双通道示波器参数设置控制面板。

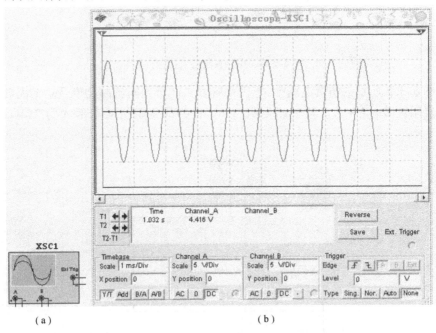

（a）　　　　　　　　　　　　　　（b）

图 5.3.7　双通道示波器图标及控制面板

双通道示波器的面板控制设置与真实示波器的设置基本一致,一共分成三个模块的控制设置。

1. Timebase 模块

该模块主要用来进行时基信号的控制调整,其各部分功能如下。

（1）Scale:X 轴刻度选择。控制在示波器显示信号时,横轴每一格所代表的时间。单位为 ms/Div,范围为 1Ps ~ 1000Ts。

（2）Xposition:用来调整时间基准的起始点位置。即控制信号在 X 轴的偏移位置。

（3）Y/T 按钮:选择 X 轴显示时间刻度且 Y 轴显示电压信号幅度的示波器显示方法。

（4）Add:选择 X 轴显示时间以及 Y 轴显示的电压信号幅度为 A 通道和 B 通道的输入电压之和。

（5）B/A:选择将 A 通道信号作为 X 轴扫描信号,B 通道信号幅度除以 A 通道信号幅度后所得信号作为 Y 轴的信号输出。

（6）A/B:选择将 B 通道信号作为 X 轴扫描信号,A 通道信号幅度除以 B 通道信号幅度后所得信号作为 Y 轴的信号输出。

2. Channel 模块

该模块用于双通道示波器输入通道的设置。

（1）ChannelA：A 通道设置。

（2）Scale：Y 轴的刻度选择。控制在示波器显示信号时，Y 轴每一格所代表的电压刻度。单位为 V/Div，范围为 1PV ~ 1000TV。

（3）Yposition：用来调整示波器 Y 轴方向的原点。

① AC 方式：滤除显示信号的直流部分，仅仅显示信号的交流部分。

② 0：没有信号显示，输出端接地。

③ DC 方式：将显示信号的直流部分与交流部分作和后进行显示。

（4）ChannelB：B 通道设置，用法同 A 通道设置。

3. Trigger

该模块用于设置示波器的触发方式。

（1）Edge：触发边缘的选择设置，有上边沿和下边沿等选择方式。

（2）Level：设置触发电平的大小，该选项表示只有当被显示的信号幅度超过右侧的文本框中的数值时，示波器才能进行采样显示。

（3）Type：设置触发方式，Multisim10.0 中提供了以下几种触发方式。

① Auto：自动触发方式，只要有输入信号就显示波形。

② Single：单脉冲触发方式，满足触发电平的要求后，示波器仅仅采样一次。每按一次 Single 产生一个触发脉冲。

③ Normal：只要满足触发电平要求，示波器就采样显示输出一次。

下面介绍数值显示区的设置。

T1 对应着 T1 的游标指针，T2 对应着 T2 的游标指针。单击 T1 右侧的左右指向的两个箭头，可以将 T1 的游标指针在示波器的显示屏中移动。T2 的使用同理。当波形在示波器的屏幕稳定后，通过左右移动 T1 和 T2 的游标指针，在示波器显示屏下方的条形显示区中，对应显示 T1 和 T2 游标指针使对应的时间和相应时间所对应的 A/B 波形的幅值。通过这个操作，可以简要的测量 A/B 两个通道的各自波形的周期和某一通道信号的上升和下降时间。在图 3.15（a）中，A、B 表示两个信号输入通道，Ext Trig 表示触发信号输入端，"－"表示示波器的接地端。在 Multisim10 中"－"端不接地也可以使用示波器。

5.3.5 频率计

频率计（Frequency Counter）可以用来测量数字信号的频率、周期、相位以及脉冲信号的上升沿和下降沿。

单击 Simulate→Instruments→Frequency Counter 命令，得到如图 5.3.8（a）所示的频率计图标。双击该图标，便可以得到如图 5.3.8（b）所示的频率计内部参数设置控制面板，其主要功能如下。

（1）Measurement 区：参数测量区。

① Freq：用于测量频率。

② Period：用于测量周期。

③ Pulse：用于测量正/负脉冲的持续时间。

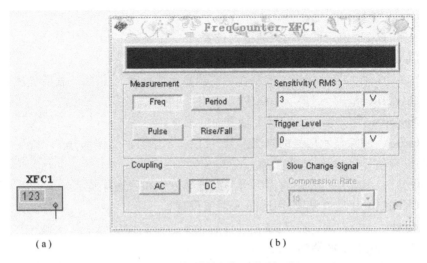

(a)　　　　　　　　　　　(b)

图 5.3.8　频率计图标及控制面板

④ Rise/Fall:用于测量上升沿/下降沿的时间。

(2) Coupling 区:用于选择电流耦合方式。

① AC:选择交流耦合方式。

② DC:选择直流耦合方式。

(3) Sensitivity(RMS)区:主要用于灵敏度的设置。

(4) Triggar Level 区:主要用于触发电平的设置。

(5) Slow Change Signal 区:用于缓变信号的压缩比设置。

5.3.6　逻辑分析仪

逻辑分析仪(Logic Analyzer)可以同时显示 16 路逻辑信号。逻辑分析仪常用于数字电路的时序分析。其功能类似于示波器,只不过逻辑分析仪可以同时显示 16 信号,而示波器最多可以显示 4 路信号。单击 Simulate→Instruments→LogicAnalyzer 命令,得到如图 5.3.9(a)所示的图标。双击该图标,便可以得到如图 5.3.9(b)所示的内部参数设置控制面板,其主要功能如下。

最上方的黑色区域为逻辑信号的显示区域。

(1) Stop:停止逻辑信号波形的显示。

(2) Reset:清除显示区域的波形,重新仿真。

(3) Reverse:将逻辑信号波形显示区域由黑色变为白色。

(4) T1:游标 1 的时间位置。左侧的空白处显示游标 1 所在位置的时间值,右侧的空白处显示该时间处所对应的数据值。

(5) T2:游标 2 的时间位置。同上。

(6) T2 - T1:显示游标 T2 与 T1 的时间差。

(7) Clock 区:时钟脉冲设置区。其中,Clock/Div 用于设置每格所显示的时钟脉冲个数。

单击 Clock 区的 Set 按钮,弹出如图 5.3.10 所示的对话框。其中,Clock Source 用于设置触发模式,有内触发和外触发两种模式;Clock Rate 用于设置时钟频率,仅对内触发

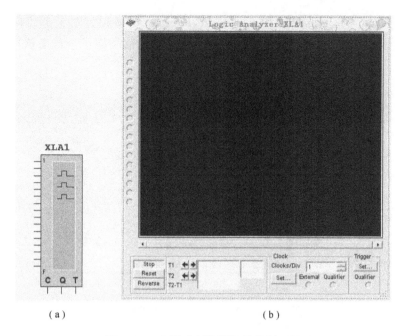

（a）   （b）

图 5.3.9   逻辑分析仪图标及控制面板

模式有效；Sampling Setting 用于设置取样方式，有 Pre - trigger（触发前采用）和 Post - trigger Samples（触发后采样）两种方式；Threshold Volt（V）用于设置门限电平。

（8）Trigger 区：触发方式控制区。单击 Set 按钮，弹出 Trigger Setting 对话框，如图 5.3.11 所示。其中，Trigger Clock Edge 用于设置触发边沿，有上升沿触发、下降沿触发以及上升沿和下降沿都触发三种方式，Trigger Qualifier 用于触发限制字设置，X 表示只要有信号逻辑分析仪就采样，0 表示输入为零时开始采样，1 表示输入为 1 时开始采样；Trigger Patterns 用于设置触发样本，可以通过文本框和 Trigger Combinations 下拉列表框设置触发条件。

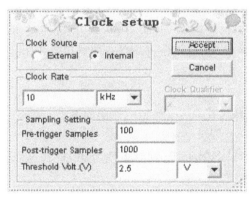

图 5.3.10   时钟设置

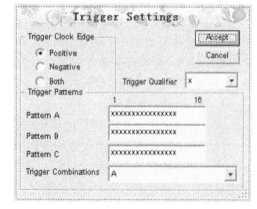

图 5.3.11   触发方式设置

5.3.7   频谱分析仪

频谱分析仪可以用来分析信号在一系列频率下的频率特性。

173

单击 Simulate→Instruments→Spectrum Analyzer 命令,得到如图 5.3.12(a)所示的频谱分析仪图标。其中,IN 为信号输入端子;T 为外触发信号端子。双击该图标,得到如图 5.3.12(b)所示的频谱分析仪面板,其主要功能如下。

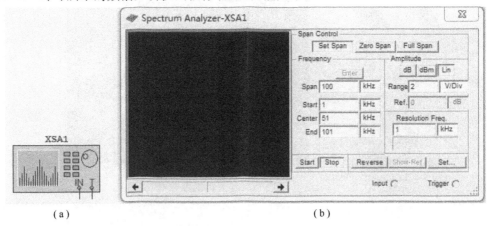

图 5.3.12　频谱分析仪图标及控制面板

1. 频谱显示区

该显示区内横坐标表示频率值,纵坐标表示某频率处信号的幅值(在 Amplitude 选项区中可以选择 dB、dBm、Lin 三种显示形式)。用游标可所显示所对应波形的精确值。

2. Span Control 选项区

该区域包括三个按钮,用于设置频率范围。

(1) Set Span 按钮:频率范围可在 Frequency 选项区中设定。

(2) Zero Span 按钮:仅显示以中心频率为中心的小范围内的权限,此时在 Frequency 选项区仅可设置中心频率值。

(3) Full Span 按钮:频率范围自动设为 0～4GHz。

3. Frequency 选项区

该选项区包括四个文本框,其中,Span 文本框设置频率范围;Start 文本框设置起始频率;Center 文本框设置中心频率;End 文本框设置终止频率。设置好后,单击 Enter 按钮确定参数。注意,在 Set Span 方式下,只要输入频率范围和中心频率值,然后单击 Enter 按钮,软件可以自动计算出起始频率和终止频率。

4. Amplitude 选项区

该选项区用于选择幅值 U 的显示形式和刻度,其中三个按钮的作用如下。

(1) dB 按钮:设定幅值用波特图的形式显示,即纵坐标刻度的单位为 dB。

(2) dBm 按钮:当前刻度可由 $10\lg(U/0.775)$ 计算而得,刻度单位为 dBm. 该显示形式主要应用于终端电阻为 600Ω 的情况,以方便读数。

(3) Lin 按钮,设定幅值坐标为线性坐标。

Range 文本框用于设置显示屏纵坐标每格的刻度值。Ref. 文本框用于设置纵坐标的参考线,参考线的显示与隐藏可以通过 Control 选项区控制按钮的 Show – Refer. 按钮控制。参考线的设置不适用于线性坐标的曲线。

5. Resolution Freq. 选项区

用于设置频率分辨率,其数值越小,分辨率越高,但计算时间也会相应延长。

6. 控制按钮区

该区域各按钮的功能如下。

(1) Start 按钮:启动分析。

(2) Stop 按钮:停止分析。

(3) Reverse 按钮:使显示区的背景反色。

(4) Show – Refer. /Hide – Refer. 按钮:用来控制是否显示参考线。

(5) Set 按钮:用于进行参数的设置。

5.4 常用元件库

电子仿真软件"Mumsim10"的元件库中把元件分门别类地分成电源库、基本元件库、二极管库、晶体管库、模拟器件库、TTL 器件库、CMOS 元件库等 18 个类别,每个类别中又有许多种具体的元器件,为便于读者在创建仿真电路时寻找元器件,现将电子仿真软件"Mumsim10"中常用的元件库和元器件的中文译意整理如下,供读者参考。

5.1.6 节已经对元件工具栏中的每一个元件库做了介绍,下面将详细介绍具体的元件,单击菜单栏中的 place 菜单,选择 Component 选项,进入 selectacomponent(元件选择)对话框,如图 5.4.1 所示。

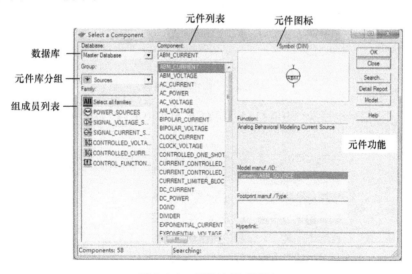

图 5.4.1 元件选择对话框

该窗口主要涉及元件数据库、元件库分组、组成员、元件列表、元件图标及功能描述等功能。

元件数据库:包括主数据库,公用数据库和用户数据库,主数据库为系统默认数据库,由系统提供,公用数据库、用户数据库为空,可由用户自定义。

元件库分组:单窗体处的下拉箭头,即列出全部的元件库分组,内容与 Multisim 基本界面中元件工具栏一样,排列顺序稍有不同。

组成员及元件列表:对元件库的细分;元件列表中显示元件的名称。

元件图标栏:显示默认标准下的元件的图标;

元件功能:简要的说明被选元件。

5.4.1 电源库

当选择电源库时,系统会列出六种不同分类的电源库,包括 POWER_SOURCES(标准电源库)、SIGNAL_VOLTAGE_SOURCES(信号电压源库)、SIGNAL_VOLTAGE_SOURCES(信号电流源库)、CONTROLLED_VOLTAGE_SOURCES(受控电压源库)、CONTROLLED_CURRENT_SOURCES(受控电流源库)及 CONTROL_FUNCTION_BLOCKS(控制函数块),具体介绍如下:

(1)选中"标准电源(POWER_SOURCES)",其"元件列表"栏下显示内容如图 5.4.2 所示。

交流电源	AC_POWER
直流电源	DC_POWER
数字地	DGND
地线	GROUND
三角形连接三相电源	THREE_PHASE_DELTA
星形连接三相电源	THREE_PHASE_WYE
TTL电压源	VCC
CMOS电压源	VDD
-5v电源	VEE
CMOS地	VSS

图 5.4.2 标准电源列表

(2)选中"信号电压源(SIGNAL_VOLTAGE_SOURCES)",其"元件列表"栏下显示内容如图 5.4.3 所示。

交流信号电压源	AC_VOLTAGE
调幅信号电压源	AM_VOLTAGE
双极性电压源	BIPOLAR_VOLTAGE
时钟信号电压源	CLOCK_VOLTAGE
指数电压源	EXPONENTIAL_VOLTAGE
调频信号电压源	FM_VOLTAGE
LVM电压源	LVM_VOLTAGE
分段线性电压源	PIECEWISE_LINEAR_VOLTAGE
脉冲电压源	PULSE_VOLTAGE
TDM电压源	TDM_VOLTAGE
热噪声电压源	THERMAL_NOISE

图 5.4.3 信号电压源列表

176

（3）选中"信号电流源(SIGNAL_CURRENT_SOURCES)"，其"元件列表"栏下显示内容如图 5.4.5 所示。

交流信号电流源	AC_CURRENT
双极性电流源	BIPOLAR_CURRENT
时钟信号电流源	CLOCK_CURRENT
直流电流源	DC_CURRENT
指数电流源	EXPONENTIAL_CURRENT
调频信号电流源	FM_CURRENT
LVM电流源	LVM_CURRENT
分段线性电流源	PIECEWISE_LINEAR_CURRENT
脉冲电流源	PULSE_CURRENT
TDM电流源	TDM_CURRENT

图 5.4.5　信号电流源列表

（4）选中"受控电压源(CONTROLLED_VOLTAGE_SOURCES)"，其"元件列表"栏下显示内容如图 5.4.6 所示。

ABM电压源	ABM_VOLTAGE
单脉冲控制电压源	CONTROLLED_ONE_SHOT
电流控制电压源	CURRENT_CONTROLLED_VOLTAGE_SOURCE
键控电压源	FSK_VOLTAGE
电压控制分段线性电源	VOLTAGE_CONTROLLED_PIECEWISE_LINEAR_SOURCE
电压控制正弦电源	VOLTAGE_CONTROLLED_SINE_WAVE
电压控制方波电源	VOLTAGE_CONTROLLED_SQUARE_WAVE
电压控制三角波电源	VOLTAGE_CONTROLLED_TRIANGLE_WAVE
电压控制电压源	VOLTAGE_CONTROLLED_VOLTAGE_SOURCE

图 5.4.6　受控电压源列表

（5）选中"受控电流源(CONTROLLED_CURRENT_SOURCES)"，其"元件列表"栏下显示内容如图 5.4.7 所示。

ABM电流源	ABM_CURRENT
电流控制电流源	CURRENT_CONTROLLED_CURRENT_SOURCE
电压控制电流源	VOLTAGE_CONTROLLED_CURRENT_SOURCE

图 5.4.7　受控电流源列表

（6）选中"控制函数块(CONTROL_FUNCTION_BLOCKS)"，其"元件列表"栏下显示内容如图 5.4.8 所示。

5.4.2　基本元件库

当选择基本元件库时，系统会列出 17 种不同分类的基本元件库，如图 5.4.9 所示。

（1）选中"基本虚拟元件(BASIC_VIRTUAL)"，其"元件列表"栏下显示内容如图 5.4.10 所示。

限流器	CURRENT_LIMITER_BLOCK
除法器	DIVIDER
2管脚增益器	GAIN_2_PIN
乘法器	MULTIPLIER
非线性函数控制器	NONLINEAR_DEPENDENT
多项式电压控制器	POLYNOMIAL_VOLTAGE
转移函数控制器	TRANSFER_FUNCTION_BLOCK
电压控制限幅器	VOLTAGE_CONTROLLED_LIMITER
电压微分器	VOLTAGE_DIFFERENTIATOR
电压增益控制器	VOLTAGE_GAIN_BLOCK
电压回滞控制器	VOLTAGE_HYSTERISIS_BLOCK
电压积分器	VOLTAGE_INTEGRATOR
限压器	VOLTAGE_LIMITER
电压信号响应速度控制器	VOLTAGE_SLEW_RATE_BLOCK
加法器	VOLTAGE_SUMMER

图 5.4.8　控制函数快列表

基本虚拟元件	BASIC_VIRTUAL
额定虚拟元件	RATED_VIRTUAL
排电阻	RPACK
开关	SWITCH
变压器	TRANSFORMER
非线性变压器	NON_LINEAR_TRANSFORMER
继电器	RELAY
连接器	CONNECTORS
自定义元件	SCH_CAP_SYMS
插座	SOCKETS
电阻	RESISTOR
电容	CAPACITOR
电感	INDUCTOR
电解电容	CAP_ELECTROLIT
可变电容	VARIABLE_CAPACITOR
可变电感	VARIABLE_INDUCTOR
电位器	POTENTIOMETER

图 5.4.9　基本元件库列表

虚拟无磁芯绕组磁动势控制器	CORELESS_COIL_VIRTUAL
可进行高级仿真设置的电感器	INDUCTOR_ADVANCED
虚拟有磁芯电感器	MAGNETIC_CORE_VIRTUAL
虚拟有磁芯耦合电感	NLT_VIRTUAL
虚拟直流常开继电器	RELAY1A_VIRTUAL
虚拟直流常闭继电器	RELAY1B_VIRTUAL
虚拟直流双触点继电器	RELAY1C_VIRTUAL
虚拟半导体电容器	SEMICONDUCTOR_CAPACITOR_VIRTUAL
虚拟半导体电阻器	SEMICONDUCTOR_RESISTOR_VIRTUAL
虚拟带铁芯变压器	TS_VIRTUAL
虚拟可变下拉电阻器	VARIABLE_PULLUP_VIRTUAL
虚拟压控电阻器	VOLTAGE_CONTROLLED_RESISTOR_VIRTUAL

图 5.4.10　基本虚拟元件列表

（2）选中"额定虚拟元件（RATED_VIRTUAL）"，其"元件列表"栏下显示内容如图 5.4.11所示。

额定虚拟555定时器	555_TIMER_RATED
额定虚拟NPN晶体管	BJT_NPN_RATED
额定虚拟PNP晶体管	BJT_PNP_RATED
额定虚拟电解电容	CAPACITOR_POL_RATED
额定虚拟电容器	CAPACITOR_RATED
额定虚拟二极管	DIODE_RATED
额定虚拟熔丝	FUSE_RATED
额定虚拟电感	INDUCTOR_RATED
额定虚拟蓝光发光二极管	LED_BLUE_RATED
额定虚拟绿光发光二极管	LED_GREEN_RATED
额定虚拟红光发光二极管	LED_RED_RATED
额定虚拟黄光发光二极管	LED_YELLOW_RATED
额定虚拟电动机	MOTOR_RATED
额定虚拟直流常闭继电器	NC_RELAY_RATED
额定虚拟直流常开继电器	NO_RELAY_RATED
额定虚拟直流双触点继电器	NONC_RELAY_RATED
额定虚拟运算放大器	OPAMP_RATED
额定虚拟普通发光二极管	PHOTO_DIODE_RATED
额定虚拟光电管	PHOTO_TRANSISTOR_RATED
额定虚拟电位器	POTENTIOMETER_RATED
额定虚拟上拉电阻	PULLUP_RATED
额定虚拟电阻	RESISTOR_RATED
额定虚拟带铁芯变压器	TRANSFORMER_CT_RATED
额定虚拟无铁芯变压器	TRANSFORMER_RATED
额定虚拟可变电容	VARIABLE_CAPACITOR_RATED
额定虚拟可变电感	VARIABLE_INDUCTOR_RATED

图 5.4.11　额定虚拟元件列表

（3）选中"排电阻（RPACK）"，其"元件列表"栏中共有 15 种不同的排阻可供调用。

（4）选中"开关（SWITCH）"，其"元件列表"栏下显示内容如图 5.4.12 所示。

电流控制开关	CURRENT_CONTROLLED_SWITCH
双列直插式开关（1）	DIPSW1
双列直插式开关（10）	DIPSW10
双列直插式开关（2）	DIPSW2
双列直插式开关（3）	DIPSW3
双列直插式开关（4）	DIPSW4
双列直插式开关（5）	DIPSW5
双列直插式开关（6）	DIPSW6
双列直插式开关（7）	DIPSW7
双列直插式开关（8）	DIPSW8
双列直插式开关（9）	DIPSW9
10通道开关排阻	DSWPK_10
2通道开关排阻	DSWPK_2
3通道开关排阻	DSWPK_3
4通道开关排阻	DSWPK_4
5通道开关排阻	DSWPK_5
6通道开关排阻	DSWPK_6
7通道开关排阻	DSWPK_7
8通道开关排阻	DSWPK_8
9通道开关排阻	DSWPK_9
按钮式单刀双掷开关	PB_DPST
电压控制开关	SBREAK
单刀双掷开关	SPDT
单刀单掷开关	SPST
时间延时开关	TD_SW1
电压控制开关	VOLTAGE_CONTROLLED_SWITCH

图 5.4.12　开关元件列表

（5）选中"变压器（TRANSFORMER）"，其"元件列表"栏中共有 24 种规格变压器可供调用。

（6）选中"非线性变压器（NON_LINEAR_TRANSFORMER）"，其"元件列表"栏中共有 10 种规格非线性变压器可供调用。

（7）选中"继电器（RELAY）"，其"元件列表"栏中共有 96 种各种规格直流继电器可供调用。

（8）选中"连接器（CONNECTORS）"，其"元件列表"栏中共有 130 种各种规格连接器可供调用。

（9）选中"连接器（SCH_CAP_SYMS）"，其"元件列表"栏中共有 18 种各种规格连接器可供调用。

（10）选中"插座（SOCKETS）"，其"元件列表"栏中共有 12 种各种规格的双列直插式插座可供调用。

（11）选中"电阻（RESISTOR）"，其"元件列表"栏中有从"1.0mΩ 到5TΩ"全系列电阻可供调用。

（12）选中"电容器（CAPACITOR）"，其"元件列表"栏中有从"100fF 到 680mF"系列电容可供调用。

（13）选中"电感（INDUCTOR）"，其"元件列表"栏中有从"1.0nH 到 150H"全系列电感可供调用。

（14）选中"电解电容器（CAP_ELECTROLIT）"，其"元件列表"栏中有从"100fF 到 680mF"系列电解电容器可供调用。

（15）选中"可变电容器（VARIABLE_CAPACITOR）"，其"元件列表"栏中仅有 30pF、100pF 和 350pF 三种可变电容器可供调用。

（16）选中"可变电感器（VARIABLE_INDUCTOR）"，其"元件列表"栏中仅有 10μH、10mH 和 100mH 三种可变电感器可供调用。

（17）选中"电位器（POTENTIOMETER）"，其"元件列表"栏中有从 10Ω 到 5mΩ 共计 18 种阻值电位器可供调用。

5.5　Multisim 的基本分析方法

使用 Multisim10.0 可交互式地搭建电路原理图，并对电路行为进行仿真。Multisim 提炼了 SPICE 仿真的复杂内容，这样使用者无需懂得深入的 SPICE 技术就可以很快地进行捕获、仿真和分析新的设计，使其更适合电子学教育。通过 Multisim 和虚拟仪器技术，使用者可以完成从理论到原理图捕获与仿真，再到原型设计和测试这样一个完整的综合设计流程。

5.5.1　直流工作点分析

仿真实例 1：简单直流电路工作点分析。

（1）构建电路。如图 5.5.1 所示。

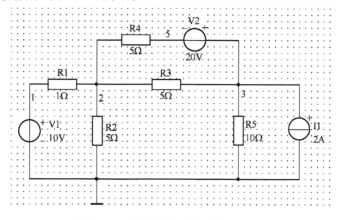

图 5.5.1　直流电路工作点分析原理图

注：图中的 0，1，2，3，5 等编号可以从 Options→Sheetpro perties→Circuit→Net Names 选项中选择 Show all 调出来。

（2）设置仿真。执行菜单命令 Simulate→Analysis 命令，在列出的可操作分析类型中选择 DC OperatingPoint，则出现直流工作点分析对话框，如图 5.5.2 所示。

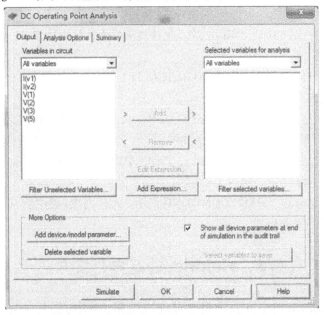

图 5.5.2　直流工作点分析对话框

Output 选项：用于选定需要分析的节点。左边 Variables in circuit 栏内列出电路中各节点电压变量和流过电源的电流变量。右边 Selected variables for analysis 栏用于存放需要分析的节点。

具体做法是先在左边 Variablesin circuit 栏内中选中需要分析的变量（可以通过鼠标拖拉进行全选），再单击 Add 按钮，相应变量则会出现在 Selected variables for analysis 栏中。如果 Selected variables for analysis 栏中的某个变量不需要分析，则先选中它，然后单击 Remove 按钮，该变量将会回到左边 Variables in circuit 栏中。

Analysis Options 和 Summary 选项表示：分析的参数设置和 Summary 页中排列了该分析所设置的所有参数和选项。用户通过检查可以确认这些参数的设置。

（3）查看输出结果。单击图 5.5.2 下部的 Simulate 按钮，输出结果如图 5.5.3 所示。输出结果给出电路各个节点的电压值和电压源流过的电流值。根据这些电压和电流的大小，可以确定该电路的静态工作点是否合理。如果不合理，可以改变电路中的某个参数，利用这种方法，可以观察电路中某个元件参数的改变对电路直流工作点的影响。

仿真实例 2：晶体管放大电路直流工作点分析。

（1）构建电路。为了分析电路的交流信号是否能正常放大，必须了解电路的直流工作点设置得是否合理，所以首先应对电路得直流工作点进行分析。在 Multisim 工作区构造一个单管放大电路，电路中电源电压、各电阻和电容取值如图 5.5.4 所示。

（2）设置仿真。按照本节仿真实例 1 执行菜单命令 Simulate→Analysis，在列出的可操作分析类型中选择 DC Operating Point，出现直流工作点分析对话框，设置输出变量。

（3）查看输出结果。在仿真对话框中单击 Simulate 按钮，输出结果如图 5.5.5 所示。

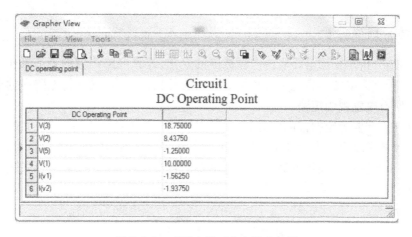

图 5.5.3　直流电路工作点输出结果

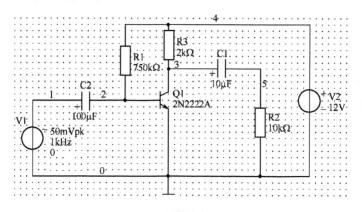

图 5.5.4　晶体管放大电路

测试结果给出电路各个节点的电压值。根据这些电压值的大小,可以确定该电路的静态工作点是否合理。如果不合理,可以改变电路中的某个参数,利用这种方法,可以观察电路中某个元件参数的改变对电路直流工作点的影响。

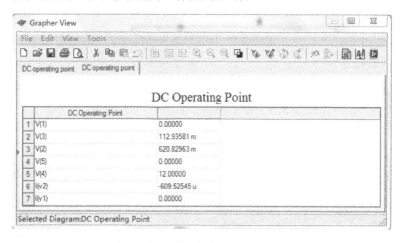

图 5.5.5　晶体管放大电路工作点输出结果

5.5.2 直流扫描分析

直流扫描分析是根据电路直流电源数值的变化,计算电路相应的直流工作点。在分析前可以选择直流电源的变化范围和增量。在进行直流扫描分析时,电路中的所有电容视为开路,所有电感视为短路。

在分析前,需要确定扫描的电源是一个还是两个,并确定分析的节点。如果只扫描一个电源,得到的是输出节点值与电源值的关系曲线。如果扫描两个电源,则输出曲线的数目等于第二个电源被扫描的点数。第二个电源的每一个扫描值,都对应一条输出节点值与第一个电源值的关系曲线。

(1)构建电路。构建如图 5.5.1 所示的电路,调节电压源 V_1 的输出电压,使其在 0V ~ 10V 之间变化,设置增量为 1V,查看节点 2 的电压变化。

(2)设置仿真。执行菜单命令 Simulate→Analysis,在列出的可操作分析类型中选择 DC Sweep,则出现直流扫描分析对话框,如图 5.5.6(a)所示,图 5.5.6(b)为输出设置对话框。

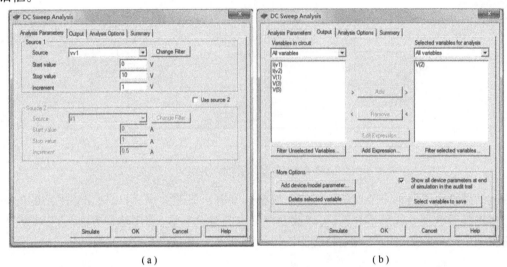

(a)   (b)

图 5.5.6　DC Sweep 对话框

直流扫描分析对话框 Analysis Parameters 页中包含 Source1 和 Source2 两个区,区中设置项目及其注释等内容如表 5.5.1 所列。

表 5.5.1　Analysis Parameters 参数设置

项　　目	单　位	注　　释
Source(电源)		选择要扫描的直流电源
StartValue(开始值)	V/A	设置扫描的开始值
StopValue(终止值)	V/A	设置扫描的终止值
Increase(增量)	V/A	设置扫描增量
UseSource2(使用电源2)		如需要扫描两个电源,则选中该项

(3)查看输出结果。直流扫描分析曲线如图 5.5.7 所示。

184

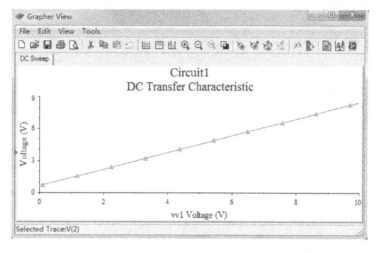

图 5.5.7　直流扫描输出波形

横坐标为电压源 V1 的电压,纵坐标是节点 2 的节点电压。

5.5.3　交流分析

交流分析是在正弦信号工作条件下的一种频域分析。它计算电路的幅频特性和相频特性,是一种线性分析方法。Multisim 在进行交流频率分析时,首先分析电路的直流工作点,并在直流工作点处对各个非线性元件做线性化处理,得到线性化的交流小信号等效电路,并用交流小信号等效电路计算电路输出交流信号的变化。在进行交流分析时,电路工作区中自行设置的输入信号将被忽略。也就是说,无论给电路的信号源设置的是三角波还是矩形波,进行交流分析时,都将自动设置为正弦波信号,分析电路随正弦信号频率变化的频率响应曲线。

(1)构建电路。构建如图 5.5.8 所示简单的 RC 串联电路,设置节点 2 为输出,测试电路的交流输出特性。

(2)设置分析。执行菜单命令 Simulate→Analysis,在列出的可操作分析类型中选择 AC Analysis,则出现交流分析对话框,如图 5.5.9 所示。

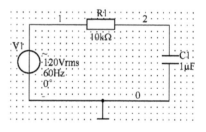

图 5.5.8　RC 电路交流分析

对话框中 Frequency Parameters 页的设置项目、单位以及默认值等内容如表 5.5.2 所列。

表 5.5.2　AC Analysis(交流分析)设置

项　目	默认值	单位	注　释
Start frequency(起始频率)	1	Hz	交流分析的起始频率,可选单位(Hz,KHz,MHz,GHz)
Stop frequency(终止频率)	10	GHz	交流分析的终止频率,可选单位(HZ,KHZ,MHZ,GHZ)
Sweep type(扫描类型)	Decade		频率变化方式,可选(Decade,Octave,Linear)
Number of points per decade(扫描点数)	10		设置线性扫描时起点与终点之间的扫描点数
Vertical scale(纵坐标)	Logarithmic		输出纵坐标刻度,可选(Linear,LogarithmicDecade,Octave)

185

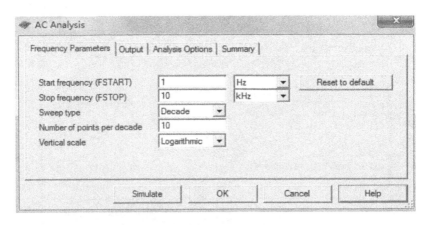

图 5.5.9　交流分析设置对话框

（3）查看输出。电路的交流分析测试曲线如图 5.5.10 所示，测试结果给出节点 2 电压的幅频特性曲线和相频特性曲线。

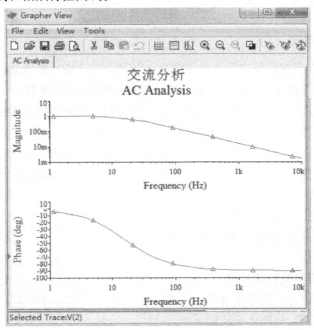

图 5.5.10　RC 串联电路交流分析输出

5.5.4　瞬态分析

瞬态分析是一种非线性时域分析方法，是在给定输入激励信号时，分析电路输出端的瞬态响应。Multisim 在进行瞬态分析时，首先计算电路的初始状态，然后从初始时刻起，到某个给定的时间范围内，选择合理的时间步长，计算输出端在每个时间点的输出电压，输出电压由一个完整周期中的各个时间点的电压来决定。启动瞬态分析时，只要定义起始时间和终止时间，Multisim 可以自动调节合理的时间步进值，以兼顾分析精度和计算时需要的时间，也可以自行定义时间步长，以满足一些特殊要求。

（1）构建电路。构建如图 5.5.11 所示简单的 RC 串联电路,设置节点 2 为输出,测试电路输出的时域特性。

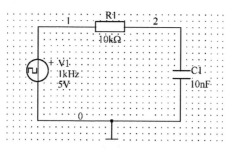

图 5.5.11　直流 RC 电路时域响应

（2）设置分析。执行菜单命令 Simulate→Analysis,在列出的可操作分析类型中选择 Transient Analysis,出现瞬态分析对话框,如图 5.5.12 所示。

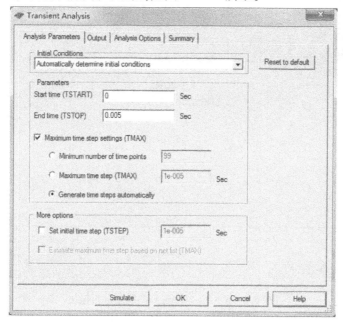

图 5.5.12　瞬态分析设置对话框

瞬态分析对话框中 Analysis Parameters 页的设置项目、单位以及默认值等内容如表 5.5.3 所列。

表 5.5.3　Transient Analysis（瞬态分析）参数设置

选项框	项目	默认值	单位	注释
Initial conditions（初始条件）	Set to Zero	不选		设置从零状态起始
	User – defined	不选		设置用户自定义的初始状态
	Calculate DC operating point	不选		设置从静态工作点起始
	Automatically determine initial conditions	选中		以静态工作点起始,如失败则使用用户自定义的初始状态

选项框	项目	默认值	单位	注释
Parameters （参数）	Start time	0	Sec	分析的起始时间,须大于或等于0,且小于终止时间
	End time	0.001	Sec	终止时间,须大于起始时间
	Maximum time step settings	选中		最大步进时间,选中后则可在以下三项中任选一项
	Minimum number of time points	100		自起始时间到结束时间的输出点数
	Maximum time step	1E−05	Sec	最大步长时间
	Generate time steps automatically	选中	Sec	系统自动设置步长

（3）查看输出。电路的瞬态分析测试曲线如图 5.5.13 所示,测试结果给出节点 2 的电压随时间的变化波形。

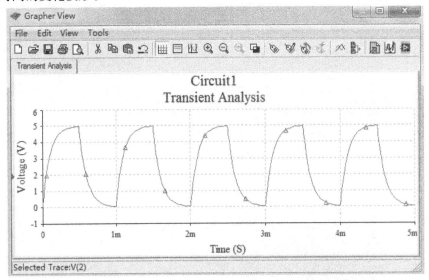

图 5.5.13　RC 串联电路的瞬态分析输出

188

第6章　PSpice 使用初步

6.1　概　　述

PSpice 是较早出现的电路设计自动化（Electronic Design Automatic，EDA）软件之一，也是当今世界上著名的电路仿真标准工具之一，1984 年 1 月由美国 Microsim 公司首次推出。它是由美国加州大学伯克利分校开发的电路仿真程序 Spice 发展而来的，是面向 PC 的通用电路模拟分析软件。

PSpice 软件具有强大的电路图绘制功能、电路模拟仿真功能、图形后处理功能等。它的用途非常广泛，不仅可以用于电路分析和优化设计，还可用于电子线路、电路、信号与系统等课程的计算机辅助教学。其基本组成包括以下几个模块。

1. Schematics 程序

本程序可完成用户作业图形文件的生成。既可以生成新的电路原理图文件，又可以打开已有的原理图文件。与书写源程序语句的文本文件相比，建立电路原理图文件的过程要直观、简单得多。原理图文件后缀为 . sch。

2. PSpice 程序

该程序为电路模拟计算程序，是 PSpice 软件的核心部分。它将用户输入文件的电路拓扑结构及元器件参数信息形成电路方程，求出方程的数值解。

3. Probe 程序

Probe 程序为 PSpice 的输出图形后处理程序。它可以起到万用表、示波器和扫频仪的作用，把运行结果以波形曲线的形式非常直观地在屏幕上显示出来。

4. Stimulus Editor 程序

该程序为信号源编辑程序。该程序可以帮助用户快速完成模拟信号源和数字信号源的建立与修改，并能够很直观地显示出这些信号源的工作波形。

5. Parts 程序

仿真软件中，电路元器件模型参数的精度很大程度上决定着电路的分析精度。Parts 程序的主要功能是从器件特性中直接提取模型参数，利用厂家提供的有源器件及集成电路的特性参数，采用曲线拟合等优化算法，计算并确定相应的模型参数，得到参数的最优解，建立有源器件的 PSpice 模型及集成电路的 PSpice 宏模型。

本章仅就电路理论计算机仿真实验对该软件进行简要介绍。

6.2　文本文件描述

计算机是一种工具，而 PSpice 是一种电子电路分析软件。如果利用 PSpice 对电路进行模拟分析,就必须用 PSpice 能够识别或接受的方式描述电路,一般需要考虑如下问题。

（1）如何为 PSpice 描述电路。

（2）如何确定分析类型。

（3）如何定义输出变量。

（4）如何规定输出方式。

在 PSpice 中,一个电路的描述和分析需要确定电路节点、元件、模型、信号源、分析类型、输出变量、输出方式等内容。

1. 节点

在描述电路之前首先要对电路节点编号,节点编号需遵守以下规则。

（1）节点编号必须为 0~9999 之间的整数,且可以不连续。

（2）节点 0 规定为地节点。

（3）每个节点必须至少连接两个或两个以上元件。

（4）不能有悬空节点。

（5）每个节点必须有一条通向地节点的直流通路。

直流通路是指流经电阻、电感、二极管或三极管到地节点的路径。可以并接大电阻到地节点或串接零值电压源到地节点,提供直流通路。

2. 元件值和元件名

在 PSpice 中,电路元件及元件值都有一定的描述规则。

（1）元件值采用标准浮点形式书写,其后跟可选用的数值比率及单位后缀。

PSpice 的数值比率后缀如下所示。

F = 1E – 15	P = 1E – 12	N = 1E – 9	U = 1E – 6	MIL = 25.4E – 6
M = 1E – 3	K = 1E3	MEG = 1E6	G = 1E9	T = 1E12

PSpice 不区分大、小写,M 及 m 均代表 1E – 3。

PSpice 的单位后缀如下所示。

V = 伏特	A = 安培	Hz = 赫兹	OHM = 欧姆
H = 亨	F = 法拉	DEG = 度	

PSpice 元件值的第一个后缀是比率后缀,第二个后缀是单位后缀。一般忽略单位后缀,如电感值为 $25\mu H$,可以写为 25UH 或 25U。电压、电流、电阻、电感、电容、频率和角度的默认量纲分别为伏特、安培、欧姆、亨、法拉、赫兹和度。

（2）电路元件（包括信号源）由元件名来表示,元件名须遵守如下规则。

① 元件名必须按规定的字母（或关键字）开头,随后可以是字母或数字。表 6.2.1 给出了电路元件和信号源首字母。

② 元件名可长达 8 个字符。

表 6.2.1　电路元件和信号源首字母

首字母	电路元件或信号源	首字母	电路元件或信号源
B	砷化镓 MES 场效应晶体管	D	二极管
C	电容	E	电压控制电压源

190

首字母	电路元件或信号源	首字母	电路元件或信号源
F	电流控制电流源	M	MOS 场效应晶体管
G	电压控制电流源	Q	双极结型晶体管
H	电流控制电压源	R	电阻
I	独立电流源	S	压控开关
J	结型场效应晶体管	T	传输线
K	互感(变压器)	V	独立电压源
L	电感	M	流控开关

3. 分析类型

PSpice 可以对电路进行多种类型的模拟分析,每种分析都是由电路文件中的分析语句决定。分析类型及相关语句如下所示。

1）直流分析

（1）直流扫描分析(. DC):输入变量在指定的范围内变化给出相应的直流传输特性。

（2）直流工作点分析(. OP):计算直流工作点,此时电路中电容开路,电感短路。

2）瞬态分析

瞬态分析(. TRAN):给出输出变量对时间的变化关系。

3）交流分析

（1）小信号频率响应(. AC):给出输出变量对频率的变化关系。

（2）噪声分析(. NOISE):计算电路的等价输入噪声和等价输出噪声。

4. 输出语句和格式

PSpice 主要有 3 种输出形式,对应 3 种输出语句,同时还有一个宽度设置语句,这些语句分别表示如下。

1）打印输出语句. PRINT

语句格式

. PRINT < analysis type > < output variables >

analysis type 是分析类型。可以为 DC、AC、TRAN 和 NOISE。

output variables 为输出变量。最多允许 8 个输出变量,各输出变量之间用空格隔开。. PRINT 语句的输出结果保存在以 . OUT 为扩展名的输出文件中。

打印输出语句举例。

. PRINT DC V(2) V(3,5) I(VIN) I(Rl) IC(Ql)

2）屏幕图形显示语句. PROBE

语句格式

. PROBE

. PROBE < one or more variables >

PROBE 是图形后处理程序。. DC、. AC、. TRAN 和 . NOISE 分析结果必须经过. PROBE 命令处理,产生以 . DAT 为后缀的文件,然后调用 . DAT 文件用于屏幕图形显示。

在第一种格式中没有说明输出变量,. PROBE 命令将所有的节点电压和元件电流都写到.DAT文件中。在第二种格式中确定了输出变量。PSpice仅将指定输出变量的分析结果写到.DAT文件中,这种方式可以限制.DAT文件的大小。

屏幕图形显示语句举例。

. PROBE

. PROBE V(5) I(R4)

5. 输出变量

PSpice在通过.PRINT和.PLOT语句列表打印或绘图输出电压或电流特性时,需要指定输出变量。.PRINT和.PLOT语句所允许的输出变量取决于分析类型。这些分析类型是直流扫描分析(.DC)、交流分析(.AC)、瞬态分析(.TRAN)和噪声分析(.NOISE)。

1)直流扫描分析和瞬态分析

直流扫描分析和瞬态分析采用相似的输出变量。输出变量分为两类电压输出和电流输出。输出变量可以指定元件或元件端点,这样可以确定元件端点电压或流经元件的电流。表6.2.2列出了直流扫描分析(.DC)和瞬态分析(.TRAN)的电压和电流输出变量。

表6.2.2　直流扫描分析(.DC)和瞬态分析(.TRAN)的电压和电流输出变量

格式	含义
V(N)	节点N相对于参考点(节点零)的电压
V(N+,N-)	节点N+和N-之间的电压
V(name)	名为name的两端元件上的电压
I(name)	通过名为name的元件的电流

注意:V(name)和I(name)中的name必须是一个两端元件名。

有以下例子。

V(2):节点2与地(节点0)之间的电压。

V(3,2):节点3与节点2之间的电压。

V(R1):电阻R1两端的电压。

2)交流分析(.AC)的输出变量

在交流分析中,输出变量可以是实部或虚部,并以复数形式表示。输出变量可以是振幅、相位或群延时。在输出电压V和流I变量之后再加上相应的附加项,可以得到期望的输出。交流分析输出变量的各附加项含义如表6.2.3所列。

表6.2.3　交流分析输出变量的各附加项含义

附加项	含义	附加项	含义
不加	幅度	R	实部
M	幅度	I	虚部
DB	单位为分贝的幅度	P	相位
G	群延时		

例如:

V(2,1):节点2和节点1之间的电压幅度。

192

VDB(R1):R1 上的电压幅度的分贝(dB)数。

IR(R1):流过电阻 R1 的电流实部。

II(R1):流过电阻 R1 的电流虚部。

注意:在交流分析中不是所有元件的电流输出都能得到,仅能得到表 6.2.4 列出的元器件的电流。对于其他元器件,若需要它们的电流,必须将一个零值电压源与它们串联,然后利用 .PRINT 或 .PLOT 输出语句,给出零值电压源的电流。

表 6.2.4　交流分析可得到的元器件电流

首字母	元器件	首字母	元器件
C	电容	R	电阻
I	独立电流源	T	传输线
L	电感	V	独立电压源

6. 电路文本文件描述格式

PSpice 电路文本文件一般格式表述如下。

(1)标题行:描述电路类型的标题或注释。

(2)电路描述:定义电路元件和模型参数。

(3)分析类型描述:定义分析类型。

(4)输出描述:规定输出形式。

(5)结束语句。

注意:(1)第一行必须是标题行,可以包含任何类型的注释。

(2)最后一行必须是结束语句 .END。

(3)其余语句的顺序可以随意,并不影响分析结果。

(4)续行号为"＋"号。

(5)注释行以"＊"号表示。

(6)在 PSpice 中不采用下标符号。

(7)PSpice 不区分大小写。

6.3　电　路　元　件

6.3.1　有源电路元件

1. 独立源

独立源可以是电压源或电流源,可以是时变或恒定源。

独立电压源的符号为 V,一般格式为:

V (name) N + N − [DC < value >][AC < magnitude value > < phase value >] +
[(transient value)[PULSE][SIN][EXP][PWL][SFFM](model parameter)]

独立电流源的符号为 I,一般格式为:

I(name) N + N − [DC < value >][AC < magnitude value > < phase value >] +
[(transient value)[PULSE][SIN][EXP][PWL][SFFM](model parameter)]

其中,N+,N-是正、负节点,正电流从N+节点流入信号源,从N-流出。信号源不必接地。对于直流、交流和瞬态值可以指定或不指定,默认值都为0。phase value 默认值为0,单位用度(DEG)表示。

在直流分析中信号源设置为直流值,在交流分析中信号源设置为交流值。时变信号源用于瞬态分析。为了测量电流,可以在电路中插入零值独立电压源。因为一个零值独立电压源可以被认为是短路,因此对电路特性不会有什么影响。

下面是几种常用的独立源。

(1)独立直流源:V(name) N + N - DC < value >

                I(name) N + N - DC < value >

    例如:V1 4 5 DC 5V

          I1 6 7 DC 3A

(2)独立交流源:V(name) N + N - AC < magnitude value > < phase value >

              I(name) N + N - AC < magnitude value > < phase value >

    例如:V1 4 5 AC 5V 30DEG

          I1 3 4 AC 1A

2. 线性受控源

1)线性电压控制电压源

电压控制电压源的首字母为E,描述格式为:

E(name) N + N - NC + NC - < voltage gain value >

其中 N + ,N - 分别为受控电压源的正、负输出节点,NC + 、NC - 分别为控制源的正、负控制节点,voltage gain value 是电压增益值。

例如,E2 1 2 3 4 5.0 对应函数关系:

V1 - V2 = 5.0 * (V3 - V4)或V(1,2) = 5.0 * V(3,4)

2)线性电压控制电流源

电压控制电流源的首字母为G,描述格式为:

G(name) N + N - NC + NC - < transconductance value >

其中 N + , N - 分别为受控电流源的正、负输出节点,NC + , NC - 分别为控制源的正、负控制节点,transconductance value 是跨导值。

例如,G1 1 2 3 4 5.0 对应函数关系:

I(G1) = 5.0 * (V3 - V4)或I(G1) = 5.0 * V(3,4)

3)线性电流控制电流源

电流控制电流源的首字母是F,描述格式为:

F(name) N + N - VN < current gain value >

例如:F1 2 4 V1 60

其中 N + , N - 分别为受控电流源的正、负输出节点,VN 为控制电流流过的独立电压源的名字,必须以 V 作为第一个字母,current gain value 是电流增益值。

4)线性电流控制电压源

电流控制电压源的首字母是H,描述格式为:

H (name) N + N - VN < transresistance value >

例如：H1 5 6 VX 0.5k

其中 N + , N − 分别为受控电压源的正、负输出节点,VN 为控制电流流过的独立电压源的名字,必须以 V 作为第一个字母,transresistance value 是互阻值。

在实际中,常常是某支路的电流作为控制电流,该支路上并没有电压源,因此需在该支路上插入一个零值的独立电压源,零值的独立电压源相当于短路线,不影响电路性能。

例如：

（1）H1 5 6 VX 0.5k

VX 4 2 DC 0

（2）F1 1 2 VX 4 5

VX 7 9 DC 0

6.3.2 无源电路元件

1. 电阻

电阻首字母为 R,描述格式为:

R（name）N + N − < model name > < value >

（1）N + 和 N − 是指电流从 N + 节点经过电阻流向 N − 节点,实际上电阻没有极性。

（2）如果定义了 model name,则必须给出模型语句(. MODEL)。

（3）value 是电阻标称值,可正可负,但不能为零。

2. 电容

电容的首字母为 C,描述格式为:

C（name）N + N − < model name > < value > IC = < value >

（1）N + 和 N − 是指电流从 N + 节点经过电容流向 N − 节点。

（2）value 是电容标称值,可正可负,但不能为零。

（3）IC 定义电容的初始电压。只有当 . TRAN 语句中确定了 UIC, IC 设置的初始值才有效。

3. 电感

电感的首字母为 L,描述格式为:

L（name）N + N − < model name > < value > IC = < value >

（1）N + 和 N − 是指电流从 N + 节点经过电感流向 N − 节点。

（2）如果定义了 model name,则必须给出模型语句(. MODEL)。

（3）value 是电感标称值,可正可负,但不能为零。

（4）IC 定义电感的初始电流。只有当 . TRAN 语句中确定了 UIC,IC 设置的初始值才有效。

4. 互感元件

互感首字母为 K,描述格式为:

K（name）L < 1st inductor name > L < 2nd inductor name > < coupling value >

（1）K（name）可以耦合两个或多个电感,但每个电感应该都应是已定义了的。

（2）coupling value 是指耦合系数 K（0 < K < 1）。

6.4 电路特性分析语句

6.4.1 直流分析

1. 直流工作点分析

语句格式为：

. OP

该语句计算并打印出电路的直流工作点,此时电路中所有电感相当于短路,电容相当于开路。瞬态分析、交流分析和直流分析无论有无 . OP 语句,系统首先自动进行直流工作点分析,确定瞬态分析的初始条件和交流小信号分析时非线性器件的线性化模型参数。. OP 自动打印出分析结果。

. OP 可以打印出如下内容。

（1）节点的电压。

（2）流过电压源的电流及电路的直流总功耗。

（3）晶体管的各极电流和电压。

（4）线性受控源的小信号参数（线性化参数）。

（5）对于瞬态和交流等分析无 . OP 语句时,仅打印出节点电压。

2. 直流扫描分析

语句格式为：

. DC LIN SCANV VSTART VSTOP VINCR < SCAN V2 VSTART2 VSTOP2 VINCR2 >

. DC DEC SCANV VSTART VSTOP ND < SCANV2 VSTART2 VSTOP2 ND2 >

. DC OCT SCANV VSTART VSTOP NO < SCANV2 VSTART2 VSTOP2 NO2 >

SCANV 是扫描变量,VSTART 是扫描变量起始值,VSTOP 是扫描变量结束值,ND 是每十倍频程内扫描点数,NO 是每倍频程内扫描点数,VINCR 是扫描变量增量,LIN、DEC、OCT 和 LIST 是扫描方式。

PSpice 的扫描变量表述如下。

（1）电源:任何独立电压源的电压值或独立电流源的电流值。

（2）温度:分析扫描温度下的直流特性设置 TEMP 作为扫描变量时,对每一个扫描温度值,电路中的所有元器件的模型参数都要更新为当前温度下的值。

PSpice 的扫描方式表述如下。

（1）线性扫描 LIN:扫描变量从开始值到结束值按线性规律变化,增量由给定的增量（VINCR）确定。扫描方式的默认形式是线性扫描。

（2）十倍频程扫描 DEC:扫描变量按十倍频程变化,进行对数扫描,每十倍频程中扫描的点数由 ND 确定。

（3）倍频程扫描 OCT:扫描变量按倍频程变化,进行对数扫描,每倍频程扫描点数由 NO 确定。

DC 扫描允许嵌套。第一次扫描是内循环,第二次扫描是外循环,对第二次扫描的每一点都做内循环。如果扫描变量已赋值,在做 . DC 分析时,扫描变量按设置值变化,不受原有值的影响。. DC 扫描需要 . PRINT 或 . PLOT 或 . PROBE 语句输出分析结果。

6.4.2 交流分析

1. 交流扫描分析

语句格式为：

. AC LIN NP FSTART FSTOP

. AC DEC ND FSTART FSTOP

. AC OCT NO FSTART FSTOP

例如：

. AC LIN 50 10Hz 100Hz

. AC DEC 5 1kHz 1000kHz

. AC OCT 5 10Hz 10kHz

该语句的作用是在用户规定的频率范围内计算电路频率响应。NP、NO 和 ND 是扫描点数，FSTART 和 FSTOP 是开始频率和结束频率。

（1）DEC 十倍频程变化扫描：ND 是每十倍频程内扫描的频率点数。

频率增量因子：$F_{incr} = 10^{1/ND}$

第 n 个频率点为：$F_n = F_{n-1} * F_{incr}$

（2）OCT 倍频程变化扫描：NO 是每倍频程内扫描的频率点数。

频率增量因子：$F_{incr} = 2^{1/NO}$

第 n 个频率点为：$F_n = F_{n-1} * F_{incr}$

（3）LIN 线性变化：NP 是用户规定的频率范围内的扫描总点数。

频率增量因子：$F_{incr} = (FSTOP - FSTART)/(NP-1)$

注意，所有非零幅值的独立电压交流源和电流交流源都是电路的输入，进行交流分析至少有一个非零 AC 幅值。. AC 需要 . PRINT 或 . PROBE 等语句输出分析结果。

2. 噪声分析

语句格式为：

. NOISE OUTVAR INSRC NUMS

例如：

. NOISE V（5）VIN 10

. NOISE V（3,5）V1 5

OUTVAR 为指定节点噪声输出电压，如 V(2)，V (3，5)。INSRC 为产生等价输入噪声的独立电压源或电流源名。对于电压源等效输入噪声是 V /$Hz^{1/2}$，对于电流源等价输入噪声是 A/ $Hz^{1/2}$。这里的电压源或电流源其本身并不是噪声源，而是给出计算等价输入噪声的位置。NUMS 为频率打印间隔点数，设置该值后，在每个频率间隔点上，将打印出电路中每个噪声源对输出节点的影响。NUMS 为零时，不打印该信息。

6.4.3 瞬态分析

1. 瞬态分析

语句格式为：

.TRAN TSTEP TSTOP〔TSTART TMAX〕〔UIC〕

.TRAN/OP TSTEP TSTOP〔 TSTART TMAX 〕〔UIC〕

TSTEP 为打印或绘图的时间增量,TSTOP 为分析结束时间,TSTART 是打印或绘图的开始时间,默认值是 0。瞬态分析总是从零时刻开始,但在零到 TSTART 之间,瞬态分析结果没有保存,也无输出。TMAX 是最大运算步长,补缺值是 TSTEP 和(TSTOP − TSTART)/50 中较小值。UIC 表示是否使用初始条件,是一个任选项。在规定了 UIC 后,表示用户利用自己设定的初始条件进行瞬态分析,而不必在瞬态分析前进行静态工作点的求解。如果使用器件语句"IC = ",必须规定 UIC,否则器件语句"IC = "无效。瞬态分析程序采用变步长的算法保证精度和速度,电路变化不大时,内部运算时间步长增大;电路变化大时,内部运算时间步长减小。采用二阶多项式插值法得到所需要的打印时间点上的瞬态值。.TRAN 语句带"/OP"后缀,则打印出 .OP 语句产生的偏置点信息。

2. 傅里叶分析

语句格式为:

.FOUR FREQ < OUTVAR1 > < OUTVAR2 >...

例如:

.FOUR 100kHz V(2,3) I(R1)

.FOUR 10kHz I(V1)

FREQ 是基频,OUTVAR 是输出变量,可以是电压或电流。命令必须与 .TRAN 命令联用。利用瞬态分析结果进行傅里叶分析直至算到第 9 次谐波。输出电压或电流必须和 .TRAN 语句具有相同的形式。PSpice 自动打印和绘图输出 .FOUR 分析结果。

6.5 视窗版 PSpice 的使用

6.5.1 原理图编辑

PSpice 利用软件包内的 Schematics 程序提供电路原理图编辑环境,如图 6.5.1 所示。

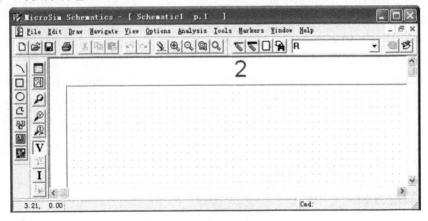

图 6.5.1　电路原理编辑窗口

在电路编辑窗口中包含11个下拉式菜单,单击不同的菜单,弹出各自子菜单,执行相应子命令,可以完成电路编辑、分析设置、运行仿真、观测仿真结果等工作。

编辑电路主要包含以下几个步骤。

1. 元件选取

(1)单击 Draw 菜单,执行 Get New Part 命令或单击图标 🔍,弹出元件浏览对话框,如图 6.5.2 所示。

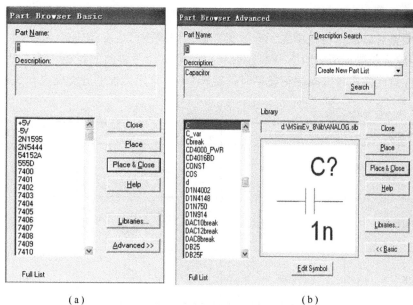

(a)   (b)

(c)

图 6.5.2　元件选取

(a)基本元件浏览对话框;(b)基本元件符号信息浏览对话框;(c)分类元件库。

（2）选中预选元件。可以通过以下几种方法选中电路元件。

① 若已知元件名称，可直接在元件名文本框（Part Name）中输入元件名即可。

② 拖动元件列表框右边的滚动条，找到待选元件，并单击选中元件。

③ 单击 **Libraries** 按钮，选定分类元件库。拖动分类元件库元件列表框右边的滚动条，找到待选元件，单击选中元件，单击 OK 按钮。电路理论仿真实验中常用元件分类库见图 6.5.2(c) 所示。

（3）单击 **P**lace（放置但不关闭元件浏览对话框）按钮或 **P**lace & **C**lose 按钮（放置并关闭元件浏览对话框），将选中的元件放置在原理图编辑区。在编辑区，将元件置于合适位置，元件放置前鼠标箭头所指一端代表元件端电压参考方向的正极。按 Ctrl + R 组合键可使元件绕元件参考方向的正极逆时针旋转 90°。常用元件的分类见表 6.5.1 所示。

表 6.5.1　常用元件的分类

元件名称	元件符号	元件模型	元件库
直流电压源	VDC	V1 0V	Source. slb
直流电流源	IDC	I1 0A IDC	Source. slb
交流电压源	VAC	VS 0V	Source. slb
交流电流源	IAC	I2 0A IAC	Source. slb
电阻	R	R1 1K	Analog. slb
电容	C	C1 1n	Analog. slb
电感	L	L1 10μH	Analog. slb
互感	XFRM – LINEAR	TX1	Analog. slb
电压控制电压源	E	VCVS E	Analog. slb
电压控制电流源	G	VCVS G	Analog. slb

元件名称	元件符号	元件模型	元件库
电流控制电压源	H	CCVS H	Analog. slb
电流控制电流源	F	CCCS F	Analog. slb
运算放大器	LF411	U1 3 + 7 5 V+ B2 6 B1 2 − V− 1 4 LF411	Analog. slb
接地符	AGND	0	Port. slb

2. 连接元件形成完整电路原理图

单击工具栏的画线图标 ，移动鼠标至原理图编辑区，出现笔形鼠标，移动笔尖到欲画连线的起点，单击后拖动鼠标画线，再单击左键，出现一条实线，继续拖动鼠标，在刚画的实线结束点开始画下一条实线。双击或右击结束画线。若画了多余的连接线，可单击选中多余连线，使之变红后按 Delete 键删除连线。

3. 标识元件符号，设置元件参数

当从元件库中选取元件到原理图编辑区时，各元件都有一个默认的元件标识符号。双击默认的元件标识符号，弹出元件符号的属性对话框（图 6.5.3）可改变对话框内默认的元件符号为自定义的元件符号。例如图 6.5.3 中用 C1 来标识一个电容，可以将其改为 C2 或其他符号。修改时注意原理图的易读性。

图 6.5.3 元件标识符号属性对话框

修改电路元件的参数值的方法是:双击该元件旁默认的数值,弹出修改元件参数属性对话框(图6.5.4),改变默认值为拟定值。

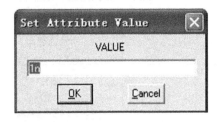

图6.5.4 元件参数设置对话框

受控源控制系数的输入方法是双击受控源,弹出属性编辑对话框(图6.5.5),改变默认控制系数,GAIN = 1 为拟定值,令 GAIN = 10。单击 **Save Attr** 按钮确认修改。

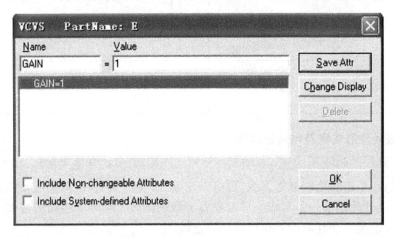

图6.5.5 受控源属性编辑对话框

交流电源参数的输入是双击电源符号,弹出其属性编辑对话框(图6.5.6)填入拟定的幅值和初相位。单击 **Save Attr** 按钮确认修改。

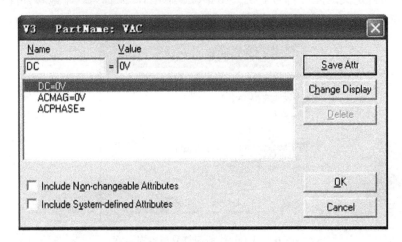

图6.5.6 交流电源属性编辑对话框

动态分析时,双击动态元件,弹出动态元件属性编辑对话框,在"IC ="的位置输入动态元件的初始值(电感电流或电容电压),单击 **Save Attr** 按钮确认修改。

6.5.2　Analysis 菜单分析

Analysis 是 Schematics 的一个重要菜单,通过该菜单可以实现对所编辑的电路进行电路规则检查,创建网络表,设置电路分析的类型,调用仿真运行程序和输出图形后处理程序等。图 6.5.7 所示为 Analysis 弹出菜单中所包含的各项命令。

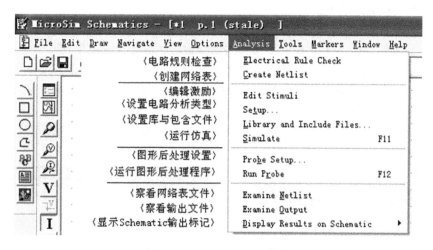

图 6.5.7　Analysis 弹出菜单

下面简要介绍电路仿真实验中常用的命令。

1. 电路规则检查

检查当前编辑完成的电路是否违反电路规则,如悬浮的节点、重复的编号等。如若无错误,在编辑窗口下方显示 REC complete 字样;否则弹出错误信息表。

2. 设置电路分析类型

这是仿真运算前最重要的一项工作,包含很多内容。执行 Setup 命令弹出对话框如图 6.5.8 所示。本节只介绍与电路仿真实验有关的几项。

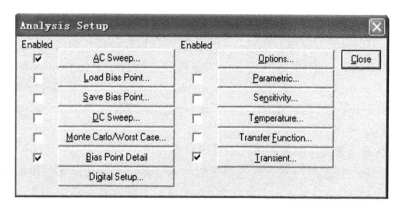

图 6.5.8　Setup 设置对话框

1）. AC Sweep 设置项

AC Sweep 设置当前电路为交流扫描分析。单击 AC Sweep 按钮将弹出分析的详细设置对话框，如图 6.5.9 所示。

其中 AC Sweep Type 提供三种不同的 AC 扫描方式，选中 Linear 表示线性扫描；Sweep Parmeters 要求设置扫描参数，Total Pts 表示扫描点数，图中选定为 101 点；Start Freq、End Freq 分别表示交流分析的开始频率和结束频率，单位默认为 Hz。在进行单频率正弦稳态分析时，Start Freq 和 End Freq 须设置为同一个频率，扫描点数设为 1。

2）. DC Sweep 设置项

DC Sweep 设置当前电路为直流扫描分析，表示在一定范围内对电压源、电流源、模型参数等进行扫描。单击 DC Sweep 按钮将弹出分析的详细设置对话框，如图 6.5.10 所示。其中 Sweet Var. Type 要求选定扫描变量类型；Name 要求输入扫描变量名；Sweep Type 为扫描方式，选中 Linear 表示线性扫描；Start Value 表示扫描变量开始值；End Value 表示扫描变量结束值；Increment 对应线性扫描时扫描变量的增量。图 6.5.10 所示的设置表示对电路进行直流线性方式的扫描，扫描变量为独立电压源 V1，变量变化范围为 4V ～ 7V，扫描增量为 0.5V。

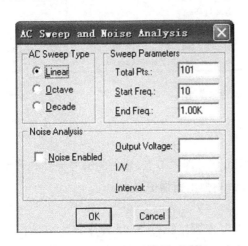

图 6.5.9　AC Sweep 设置对话框

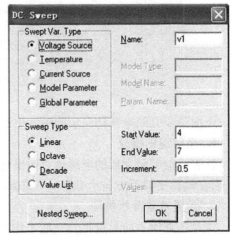

图 6.5.10　DC Sweep 设置对话框

3）. Transient 设置项

Transient 可以设置当前电路为动态扫描分析和傅里叶分析。单击 Transient 按钮将弹出分析设置的对话框，如图 6.5.11 所示。设置内容包括打印步长 Print Step、动态分析结束时间 Final Time、打印输出的开始时间 No - Print Delay 等。对于傅里叶分析的设置有傅里叶分析 Enable Fourier、基频设置 Center Frequenvy、谐波项数 Number of harmonics、输出变量 Output Vars 等项。

3. 调用仿真运算程序和输出图形后处理程序

单击 Simulate 按钮，执行对当前电路图的仿真计算。如果在此之前没有做电路规则检查，也没有创建网表，单击 Simulate 按钮后，则自动进行这些分析和创建工作。分析中如遇到错误则自动停止分析，给出错误信息或提示查看输出文件。

调用输出图形后处理程序，可采用两种方式：一种是仿真程序运行完毕后，自动进行

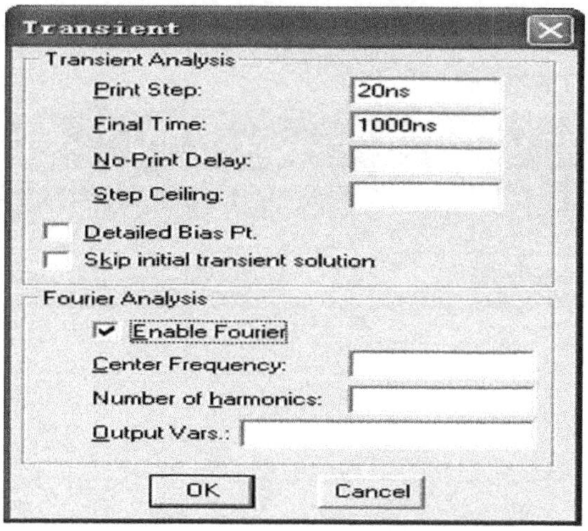

图 6.5.11　Transient 设置对话框

图形后处理(通过执行 Analysis→Probe Setup 命令在弹出的对话框中设定 Automatically run Probe after Simulation 实现);另一种方式是在 Probe Setup 对话框中设定 Do not Auto – Prol,仿真计算结束后通过单击 Run Probe 按钮进行图形后处理工作。

6.5.3　输出方式设置

PSpice 仿真程序的输出有两种形式:离散形式的数值输出和图形方式的波形输出。

1. 数值输出

设置直流电路量的输出,可以在库文件 Special. slb 中取出 IPROBE 电流表,将其串联到待测电流的支路中;取出 VIEWPOINT 节点电位标识符,将其放置在待测节点点位的节点处,当仿真程序运行后,电流表即显示该支路的电流值,节点电位标识符上方显示该节点的电位值。如观察电路中所有节点的电位和支路电流,最简捷的方法就是单击仿真计算工具栏内的图标 **V** 和图标 **I**,按下图标后将显示节点电位或支路电流的数值,单击所显示的数值将在电路图中明确对应节点或支路电流的实际方向。图标抬起时,显示的数据消失。

设置交流稳态电路和动态电路数据输出的工作必须在仿真计算之前完成。可以从库文件 Special. slb 中取出具有不同功能的输出标识符。如 VPRINT1 标识符用于获取节点电位,需将其放置到待测点上;VPRINT2 标识符用于获取支路电压,需与待测支路并联;IPRINT 用于获取支路电流,需与待测支路串联。按如上不同功能设置不同的输出标识符,确定各标识符的输出属性。当仿真程序运行后,执行 Analysis→Examine Output 命令,即可获得数据形式的输出文件。

2. 图形形式的输出

图形形式的输出是由 Probe 图形后处理程序实现的。有两种设定输出方式。一种是在编辑电路的同时,单击仿真计算工具栏内的图标 在相应的节点设定节点电压标识,单击图标 设置元件端子电流标识,也可以通过 Markers 下拉菜单设置支路电压标识符等。一旦调用 Probe 程序,凡设置了标识的电压、电流均给出相应的波形输出;另一种是

205

在调用 Probe 程序,进入其图形输出编辑环境(图 6.5.12)以后,单击 Add Trace 图标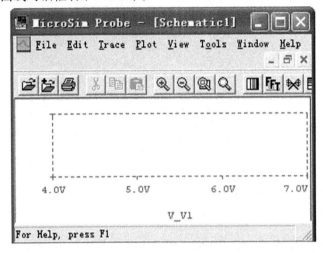 将弹出添加仿真曲线对话框(图 6.5.13)。

图 6.5.12 Probe 编辑窗口

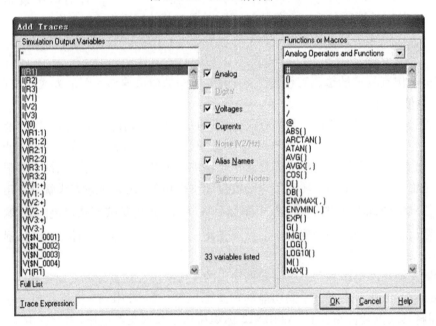

图 6.5.13 添加图形输出变量对话框

该对话框中的左边是仿真输出列表框,右边是对输出变量可进行各种运算的运算符列表框。选中要输出的仿真波形变量,单击 OK 按钮,即可在图 6.5.12 所示的编辑窗口内显示出所选中变量或经过运算的输出波形。

附录 A　函数信号发生器

一、信号发生器概述

信号发生器是指用来产生指定参数激励信号的电子装置,通常又称为信号源或振荡器。信号发生器的分类有很多种方法,按照其输出的信号波形一般可以分为正弦波信号发生器、函数信号发生器、脉冲信号发生器和噪声信号发生器;另外还有为了某种特定目的专门设计的专用信号发生器,比如电视信号发生器、频谱信号发生器。

函数信号发生器能产生某些特定的周期性时间函数波形,如方波、三角波、正弦波等,是测试系统最通用的信号发生装置。目前常用的模拟函数信号发生器多采用集成电路和晶体管等器件构成;数字式函数信号发生器则采用直接数字合成技术(Direct Digital Synthesis,DDS)实现。在当前数字领域中,大多数新型信号发生器均采用了 DDS 技术,具有频率切换时间短、频率分辨率高、相位变换连续、可产生各种波形等优点。

SFG – 1013 型合成函数信号发生器是根据 DDS 技术和 FPGA 芯片设计的具有高精度和高稳定度输出的函数信号发生器。频率范围:0.1Hz ~ 3MHz(正弦波、方波),0.1Hz ~ 1MHz(三角波);最大分辨率 0.1Hz,输出阻抗 50Ω ± 10% 。

二、SFG – 1013 型函数信号发生器前面板结构及基本功能

SFG – 1013 型函数信号发生器前面板结构如图附 A. 1 所示。

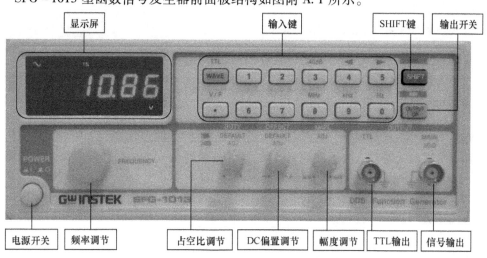

图附 A. 1　SFG – 1013 型函数信号发生器前面板

显示屏采用多位 7 段 LED 显示输出波形的频率和幅值参数,同时包含 TTL 输出指示、波形指示、频率单位指示、电压单位指示、– 40dB 衰减指示等信息。

波形键 WAVE :用于选择输出波形为方波、正弦波或三角波。

数字键 0 ~ 9 :用于波形参数的数字输入。

$\boxed{\text{SHIFT}}$ 键:为输入键的第二功能选择键,当该键按下时,其上方的 LED 指示灯变亮。

输出开关键 $\boxed{\begin{array}{c}\text{OUTPUT}\\\text{ON}\end{array}}$:用于输出状态 ON 和 OFF 之间的切换,当输出状态为 ON 时,其上方的 LED 指示灯变亮。

电源开关按钮:用来切换主电源的 ON 和 OFF 状态。

频率调节旋钮:顺时针旋转输出波形的频率增大,逆时针旋转输出波形的频率减小。

占空比调节旋钮:当处于拉起状态时,可以在 25% ~75% 范围内调整方波或 TTL 波形的占空比,顺时针旋转增大,逆时针旋转减小。

DC 偏置调节旋钮:当处于拉起状态时,可以设置正弦波、方波和三角波的直流偏压的范围,顺时针旋转增大,逆时针旋转减小。加 50Ω 负载时,变化范围为 −5V ~ +5V。

幅度调节旋钮:用来设定正弦波、方波或三角波的幅度,顺时针旋转幅度增大,逆时针旋转幅度减小。

TTL 输出端子:采用 BNC(同轴电缆连接器)接头,用来输出 TTL 波形,

信号输出端子:同样采用 BNC 接头,输出正弦波、方波和三角波,输出阻抗为 50Ω。

三、SFG −1013 型函数信号发生器操作说明

1. 波形输出

重复按下波形键 $\boxed{\text{WAVE}}$ 选择不同的波形输出,显示屏中显示相应的波形符号。$\bigwedge$ 代表正弦波,$\sqcap$ 代表方波,$\bigwedge$ 代表三角波。

按下输出开关键 $\boxed{\begin{array}{c}\text{OUTPUT}\\\text{ON}\end{array}}$,相应的波形从信号输出端子输出,接 50Ω 负载时,振幅为 $10V_{p-p}$;不接负载时,振幅为 $20V_{p-p}$。

2. 设置频率

输入频率采用数字输入键,举例如下:

输入 50Hz:按键操作 $\boxed{5}$ $\boxed{0}$ $\boxed{\text{SHIFT}}$ $\boxed{\overset{\text{Hz}}{0}}$

输入 68kHz:按键操作 $\boxed{6}$ $\boxed{8}$ $\boxed{\text{SHIFT}}$ $\boxed{\overset{\text{kHz}}{9}}$

输入 1.5MHz:按键操作 $\boxed{1}$ $\boxed{.}$ $\boxed{5}$ $\boxed{\text{SHIFT}}$ $\boxed{\overset{\text{MHz}}{8}}$

通过数字输入键输入波形的频率参数后,如果需要修改某一数位的频率值可以通过 $\boxed{\text{SHIFT}}$ 键和左右光标键实现。

光标左移　　　　按键操作　$\boxed{\text{SHIFT}}$ $\boxed{\overset{\blacktriangleleft}{4}}$

光标右移　　　　按键操作　$\boxed{\text{SHIFT}}$ $\boxed{\overset{\blacktriangleright}{5}}$

当光标移动到需要调整的数位时,对应的数字会闪烁,通过频率调节旋钮连续增大或减小该数值,实现频率参数的修改。

正弦波和方波的频率上限为 3MHz,当输入的值超出时,显示屏会显示错误提示信息"Err −1",并强制使输入的频率值变为 3MHz。

三角波的频率上限为 1MHz,当输入的值超出时,显示屏会显示错误提示信息"Err −2",

并强制使输入的频率值变为 1MHz。

正弦波、方波和三角波的频率下限为 0.1Hz，当输入的值小于 0.1Hz 时，显示屏会显示错误提示信息"Err – 4"，并强制使输入的频率值变为 0.1Hz。

3. 设置振幅

通过振幅调节旋钮可以实现振幅的增大和减小，输出阻抗为 50Ω 时，振幅变化范围为 $2\mathrm{m}V_{\mathrm{p-p}} \sim 10V_{\mathrm{p-p}}$。

频率显示和振幅显示切换通过按键操作 SHIFT ·（V/F）实现。

如果需要对输出进行 – 40dB 的衰减，按键为 SHIFT 3（-40dB），同时显示屏上 – 40dB 指示灯被点亮。

4. 调节方波的占空比

向外拉出占空比旋钮，顺时针旋转占空比增大，逆时针旋转占空比减小。占空比的可调范围为 25% ~75% 。压下占空比调节旋钮时，占空比恢复默认值 50% 。

5. 调节偏置量

可以通过对正弦波、方波和三角波增加或减少偏置改变波形的电压偏置量。调节偏置量时将 DC 偏置调节旋钮向外拉出，顺时针旋转增大偏置，逆时针旋转减小偏置。对于 50Ω 负载，变化范围为 – 5V ~ + 5V。

6. TTL 输出

一般信号源输出的 TTL 同步信号是方波经过三极管电路转换得到的，电平为 0(Low)、3.6V ~5V(High)，主要用来同步其他信号源或其他类型的仪器，以保证触发同步。

TTL 输出时，首先按下 OUTPUT ON 键，使输出开关处于 ON 状态，接着按键操作 SHIFT WAVE（TTL），显示屏上的 TTL 指示灯将会被点亮。

TTL 输出的频率设置、占空比设置方法和前面介绍的方法完全相同。

四、注意事项

SFG – 1013 型函数信号发生器有一个 50Ω 的信号源输出阻抗，使用时函数信号发生器的输出阻抗和负载阻抗构成了一个分压电路，所以函数信号发生器所测得的输出电压和精度都随负载阻抗的变化而变化。使用函数信号发生器时，如果没有重新设定，显示屏上显示的数值大小是外接 50Ω 额定负载阻抗时的输出信号幅值，所以在信号源负载不同时，其实际值和显示值会有很大的差异。因此使用时，应以示波器的测量值为准。

附录 B　GDS_1000 数字存储示波器

一、原理简述

数字存储示波器与模拟示波器不同点，在于信号进入示波器后，立刻通过高速 A/D 转换器将模拟信号在前端快速采样，存储其数字化信号。并利用数字信号处理技术对所存储的数据进行实时快速处理，得到信号的波形及其参数，并由显示器显示，从而实现比模拟示波器更强的功能。即测量精度高，还可以存储和调用显示特定时刻信号。

一个典型的数字存储示波器原理框图如图附 B.1 所示，模拟输入信号先适当地放大或衰减，然后再进行数字化处理。数字化包括"取样"和"量化"两个过程，取样是获得模拟输入信号的离散值，而量化则是使每个取样的离散值经 A/D 转换成二进制数字，最后，数字化的信号在逻辑控制电路的控制下依次写入到 RAM（存储器）中，CPU 从存储器中依次把数字信号读出并在显示屏上显示相应的信号波形。利用接口总线系统可以程控数字存储示波器的工作状态，并且使内部存储器和外部存储器交换数据成为可能。下图为典型数字存储示波器原理框图。

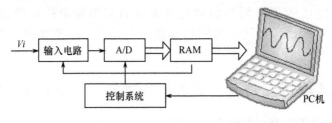

图附 B.1

由此可见，数字示波器必须要完成波形的取样、存储和波形的显示，另外为了满足一般应用的需求，几乎所有微机化的数字示波器都提供了波形的测量与处理功能。在此，仅介绍测量功能。

二、面板介绍

默认面板设定：

采样	模式:普通		
通道	耦合:DC	反转:关闭	探棒衰减:×1
	BW 限制:Off	刻度:2V/Div	
游标	源:CH1	游标:关闭	
显示器	类型:矢量	累积:关闭	格线:田字格
水平	模式:主时基		
数学运算	类型:+（Add）	位置:0.00Div	
测量	项目:Vpp. ，Vavg,频率,占空比,上升时间		

| 触发 | 类型:边缘 | 触发源:CH1 | 模式:自动 |
| | 耦合:DC | 抑制:关闭 | 噪声抑制:关闭 |

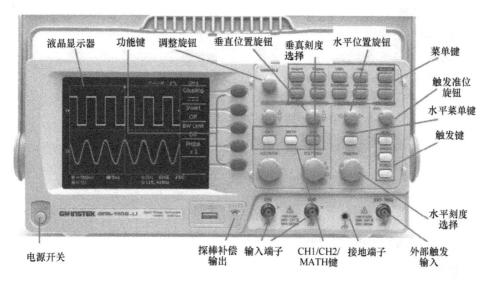

按键特点:按一下,启动;再按一下,关闭。

三、基础测量

被测信号范围:频率大于 20Hz,幅值高于 30MV。

输入信号:用电缆将信号源与示波器连接,按一下与输入通道对应的 CH1 或 CH2 键,观察显示器左上角,确认启动通道。按键 Autoset 观察被测信号,调节水平刻度,水平移动,垂直刻度,垂直移动,选择触发源通道,使波形达到最佳视觉效果。

测量方法:

(1)自动测量。测量输入信号的特性并更新其在显示器中的状态。

(2)游标测量。水平或垂直游标线显示输入信号或数学运算结果的精确水平游标追踪时间、电压和频率,垂直游标追踪电压。

(3)数学运算操作。可以对输入信号进行加减或 FFT 运算。可以像操作普通输入信号一样使用游标测量、保存或调取波形。

自动测量项目可归结为电压和时间两类。

电压的测量项目有峰峰值、最大值、有效值、平均值、上升过冲电压、下降过冲电压、上升前冲电压、下降前冲电压等。

时间的自动测量项目有周期、频率、脉冲上升时间、脉冲下降时间、正脉宽、负脉宽、占空比等。

四、自动测量

自动测量输入信号:

1. 观察测量结果:

(1)按一下 MEASURE 键。

(2)显示频右侧菜单条会显示测量结果,且持续更新,按动菜单键改变测量项目

2. 选择测量项目:

(1)重复按 F3 选择键,选择 Voltage 或 Time 的测量类型。

（2）旋转 WARIABLE 旋钮选择测量项目。

（3）按 PreviousMenu 键确认所选项目并返回测量结果视图。

五、游标测量

1. 水平游标的使用

1）步骤

（1）按 Cursor 键,出现游标。

（2）按 X↔Y 选择水平游标(X1&X2)。

（3）重复按 Source 选择触发源通。

（4）游标测量结果显示在菜单中:F2 ~ F4。

2）参数

X1:左游标的时间/电压位置(相对于 0)。

X2:右游标的时间/电压位置(相对于 0)。

X1X2:X1 和 X2 之间的距离。

- uS:X1 和 X2 之间的时间差。

- Hz:时间差转换为频率。

- V:电压差(X1 - X2)。

3）移动水平游标

（1）按 X1,然后旋转旋钮移动左游标。

（2）按 X2,然后旋转旋钮移动右游标。

（3）按 X1X2,然后旋转旋钮同时移动两组游标。

2. 垂直游标的使用

1）步骤

（1）按 Cursor 键。

（2）按 X↔Y 选择垂直游标(Y1&Y2)。

（3）重复按 Source 选择触发源通道:CH1、CH2 或 MATH。

（4）菜单栏中显示测量结果。

2）参数

Y1:上游标的电压准位。

Y2:下游标的电压准位。

Y1Y2:上下游标的电压准位。

3）移动垂直游标

（1）按 Y1,然后旋转旋钮移动上游标。

（2）按 Y2,然后旋转旋钮移动下游标。

（3）按 Y1Y2,然后旋转旋钮同时移动上下游标。

六、数学运算及操作步骤

加:将 CH1、CH2 的信号幅度相加。

减:将 CH1、CH2 的信号幅度相减。

（1）按下 CH1 和、CH2 。

（2）按 MATH 键。

（3）重复按 Operation 键,选择(+)或(-)。

（4）显示器上显示运算结果。

（5）按 Position,然后旋转旋钮垂直移动运算结果。

（6）再按 MATH 键,清除运算结果。

七、FFT 功能的使用步骤

（1）按 MATH 键。

（2）重复按 Position 选择 MATH。

（3）重复按 Source 选择触发源通道。

（4）重复按 Windows 选择视窗类型。

（5）显示结果,水平刻度为频率,垂直刻度为 dB。

（6）按 Position,然后旋转旋钮垂直移动波形。范围为 ± 12 个刻度。

（7）重复按 unit/div 选择波形的垂直刻度,范围为 1,2,5,10,20(dB/div)。

（8）再次按 MATH 键清除显示器上的 FFT 运算结果。

八、关于基本测量中的耦合方式和触发源的选择

如果波形视觉效果不好,选择好触发源,调节触发准位旋钮,示波器则连续收索触发条件直到显示器顶端的触发图标变为 STOP 模式,若波形仍不便于测量,按下 RUN/STOP 再次搜索触发条件,直到稳定触发,稳定显示。

参 考 文 献

［1］夏路易,王建平. 电路、电子电路微机辅助分析. 太原:山西联合出版社,1995.

［2］孙桂瑛,齐凤艳. 电路实验. 哈尔滨:哈尔滨工业大学出版社,2001.

［3］谢克明. 电子电路 EDA. 北京:兵器工业出版社,2001.

［4］Synthesized Function Generator SFG - 100 Series User Manual.

［5］侯建军. 电子技术基础实验、综合实验与课程设计.北京:高等教育出版社,2007.

214